HOW CHARTS LIE

数据可视化陷阱

[西] 阿尔贝托·开罗 （Alberto Cairo）〇著
韦思遥〇译

机械工业出版社
CHINA MACHINE PRESS

这是一个充斥着数据和图表的世界。随着社交媒体的发展，每个人都成了信息源；我们获取和传播的信息越来越多，也越来越容易犯错误。然而数据的可视化，即图表，并没有它看上去那么可信。本书介绍了图表制作的原理、阅读图表常见的五个陷阱，解释了为什么其中隐藏着误导和扭曲，最终帮助读者掌握明智应对图表而不犯错误的方法。

How charts lie/by Alberto Cairo/ISBN：978-1-3240-0156-0

Copyright © 2019 by Alberto Cairo

Copyright in the Chinese language（simplified characters）© 2020 China Machine Press

This title is published in China by China Machine Press with license from W. W. Norton & Company, Inc. This edition is authorized for sale in China only, excluding Hong Kong SAR, Macao SAR and Taiwan. Unauthorized export of this edition is a violation of the Copyright Act. Violation of this Law is subject to Civil and Criminal Penalties.

本书由 W. W. Norton & Company, Inc. 授权机械工业出版社在中华人民共和国境内（不包括香港、澳门特别行政区及台湾地区）出版与发行。未经许可的出口，视为违反著作权法，将受法律制裁。

北京市版权局著作权合同登记 图字：01-2019-7135 号。

图书在版编目（CIP）数据

数据可视化陷阱/（西）阿尔贝托·开罗（Alberto Cairo）著；韦思遥译 . —北京：机械工业出版社，2020. 5

书名原文：How Charts Lie：Getting Smarter about Visual Information

ISBN 978-7-111-65184-0

Ⅰ. ①数… Ⅱ. ①阿… ②韦… Ⅲ. ①数据处理 Ⅳ. ①TP274

中国版本图书馆 CIP 数据核字（2020）第 051034 号

机械工业出版社（北京市百万庄大街 22 号 邮政编码 100037）
策划编辑：廖 岩 责任编辑：廖 岩 解文涛
责任校对：李 伟 责任印制：孙 炜
北京联兴盛业印刷股份有限公司印刷
2020 年 6 月第 1 版第 1 次印刷
145mm×210mm · 8.125 印张 · 3 插页 · 166 千字
标准书号：ISBN 978-7-111-65184-0
定价：69.00 元

电话服务　　　　　　　网络服务
客服电话：010-88361066　机 工 官 网：www.cmpbook.com
　　　　　010-88379833　机 工 官 博：weibo.com/cmp1952
　　　　　010-68326294　金 书 网：www.golden-book.com
封底无防伪标均为盗版　机工教育服务网：www.cmpedu.com

离开了数字，我们将无法理解世界。

但是我们也不能仅凭数字来理解世界。

——汉斯·罗斯林（Hans Rosling），

《事实》（*Factfulness*）（2018）

自由的前提是公民能够辨别什么是真实的、什么是他们想听到的。权威主义之所以卷土重来，并不是因为人们需要权威主义，而是因为人们丧失了辨别事实和欲望的能力。

——蒂莫西·史奈德（Timothy Snyder），

《通向不自由之路》（*The Road to Unfreedom*）（2018）

致我的父母

阿尔贝托·开罗是美国迈阿密大学传播学院的老师，负责教授信息图表与可视化方面的课程，多次在国际顶级可视化新闻设计会议上担任演讲嘉宾和主要发言者。开罗团队的作品多次获得国际大奖，比如国际 Malofiej 大奖和新闻设计协会（SND）国际信息图表奖。

2015 年，阿尔贝托·开罗所著的《不只是美：信息图表设计原理与经典案例》出版。在该书中，开罗用可视化的理论、实践和具体案例向人们展示了如何应用统计图表、地图和解释型图表，以数据的形式讲述故事。让人们学会如何利用图表工具挖掘数据背后的信息，并对这个复杂的世界产生新的见解。

在这个信息爆炸的时代，人们对各式各样的图表已经不再陌生。各行各业都急于通过数据发出自己的声音，争抢受众关注度。当媒体、广告商、政客基于自己的立场去展示数据，呈现容易让人误解的图表时，人们是全盘接受还是通过读图技巧识别图表中的真相呢？

2020 年，开罗带着他的新书《数据可视化陷阱》和中国读者们见面，书中从设计、数据、信息的精确度等方面向读者们展示了图表可能存在的误导性，旨在帮助读者提高读图能力，识别常见的图表陷阱。本书内容生动有趣、通俗易懂，不论是从事图表可视化研究的专业人士，还是单纯对图表设计感兴趣的普通读者，这本书都可以满足他们的需求。

陈为　教授

浙江大学计算机学院副院长

《数据可视化》　编者

图表越精美，其实越危险

有个朋友告诉我，他的老板有个怪癖。

就是汇报时不允许用任何图表强化观点，直接说结论，然后把 Excel 数据发给他判断。

这样的老板的确罕见，但也说明他非常了解一件事，图表能让数据变得直观，但也能改变甚至是扭曲一个人对数据的判断。

这一切取决于你的图表究竟想强调什么，视觉化图表有时候也是一门关于误导的艺术。

为什么会这样？——因为我们有太多干扰信息的方法。

比如选择对我们有利的数据，而不告诉别人对我们不利的数据。

比如在朋友圈，我们常常看到一些微商好友在告诉我们她又赚了多少钱，但她好像从来没告诉我们赚这些钱需要花多少成本。

我们还可以调整定义数据的标准，从而获得对我们有利的结果。

比如我们常常会对比不同国家的低收入人群比率，但问题是不同国家的低收入标准是一样的吗？

我们甚至还可以修改一下数据的坐标，让图表看起来很夸张。甚至我们什么都不做，就是客观地把数据呈现给你，但是很多人又会遇到一个问题，看不懂。

我带过很多大学生，当我开始看他们的毕业论文时，我会忍不住问一个问题，你们知道什么叫环比，什么叫同比吗？很多人会面面相觑。这样的朋友看到这样的新闻，"今年 3 月郑州新建商品住宅销售价格环比下降 0.2%，同比上涨 0.5%"，那房价到底是涨了还是降了？估计会很纠结。

同样，对于不清楚平均值和中位数的人，你很难解释清楚为什么社会财富越来越多，而你总觉得收入越来越紧张。是的，你的收入被平均了，问题是就算你能理解中位数，你就能解释哪些人的收入更容易在中位数的上方吗？

一个人的收入，是和学历正相关吗？是强相关吗？还是和他的家庭阶层比起来，这些都不重要？

好的图表，应该帮我们更好地理解数据，而不是利用我们的无知，或者信息不对称，让我们对这个世界产生误解。

但我们总不能指望这个世界都是好人，总有人会利用我们知识结构的缺陷，让你相信并不存在的事情，而且利用看起来特别专业的图表，这叫什么效应？——数字崇拜效应。

不擅长处理数字的人，往往会更容易认可提供数据的人，进而相信他提供的结论。一旦有人理解了这一点，就会利用这一点。

谁会想方设法制作对他有利的图表？——刻意努力美化图表的人，到底是想帮你，还是想欺骗你？想一想，如果你觉得还是不踏实，请打开这本书吧。

秋　叶

秋叶 PPT、秋叶商学院创始人

译者序

翻译这本书的过程对于我来说是一次难得的愉快经历。作为一名心理学专业的毕业生，我曾将大量的课业时间用来学习统计学和对数据图表的解读。我个人对图表的制作和解读很感兴趣，在学习和工作中也对此颇为关注。而这本书能够以深入浅出的方式帮我重新认识制图和读图过程中易出现的各种错误。更重要的是，它帮我树立了一种在当今信息时代更符合"信息道德"的信息传播价值观。

本书以丰富的案例带你一步步走进图表的世界，手把手教你从掌握"图表语言"开始，逐渐深入识别图表背后的数据，最终了解图表揭示真相的内在逻辑。作者反复告诉我们，图表会误导我们，有时候不完全是因为图表设计的问题，还与我们自己的错误解读分不开。它不光告诉我们如何避免落入图表的视觉陷阱，还告诉我们在面对设计精良的图表时，如何更好地解读图表，获取更全面的信息，开启更有价值的对话，激发更有想象力的思考。

这是一本轻松有趣的图表入门书籍，我认为对零基础人士来说也没什么门槛。看完这本书，您未必能在绘制图表方面多么精通，但是在识图、读图方面能够变得更加老练和专业，至少在面对每天充斥在工作生活中的各类图表时，能够"多个心眼"。在翻译本书的过程中，我尽可能使用轻松且风趣的文风以尽可能保留原作的味道。希望大家也能在阅读的过程中体会到乐趣和享受。

韦思遥

2020 年 1 月

一个充斥着图表的世界

我们每天都通过电视、报纸、社交媒体、教科书或者广告看到各种图表——包括表格、函数图、地图、平面图等。这本书主要是想聊聊这些图表是如何欺骗我们的。

有一句耳熟能详的老话是这么说的，"一图抵千言"。我希望你看过这本书后能在这话的后面加上一句，"如果你知道如何读图的话"，否则你还是别再引用这句话为好。即便是最常见的图表——比如说地图和柱状图，也可以有模棱两可的含义，更有甚者它们可能是令人费解的。

这其实蛮令人担忧的，因为数字很有说服力，图表亦然。它们之所以会拥有这般说服力是因为我们会把它们跟科学和理性联系在一起。数字和图表看上去客观而又精确，它们会把这种感觉传递给读者，并因此而具有诱导性和说服力[1]。

政客、商人以及广告商把各种数字和图表一股脑地抛给我们，比如：多亏了减税政策，一般家庭平均每月能节省 100 美元；感谢刺激政策，我们的失业率降到了 4.5% 的历史低点；59% 的美国公民不认可总统的表现；10 位牙医中有 9 位会推荐我们这款牙膏；今天的降水概率是 20%；多吃巧克力或许可以帮助您获得诺贝尔奖[2]。当他们向我们抛出这些数据时，并不认为我们会对此进行深入研究。

每当我们打开电视，拿起报纸，或者浏览我们喜爱的社交媒体时，我们都会受到华丽图表的冲击。假如你有一份工作，你很可能要通过图表来衡量和展示你的工作业绩。你可能还会自己设计制作一些图表，然后把它们插入 PPT 页面用于教学或商业展示。一些喜欢夸大其词的作者甚至已经开始谈论"数字暴政"（tyranny of numbers）和"指标暴政"（tyranny of metrics），这些名词被用来指代无处不在的测量和评估[3]。作为现代社会的一分子，面对各种数字和图表的诱惑，人们真的很难抗拒。

图表——即便是那些原本无意歪曲事实的图表——也可以误导我们。不过，图表还可以告诉我们真相。设计精良的图表能发挥很多作用。它们可以开启一段对话。它们能够赋予我们 X 射线般的洞察力，能够帮我们透过大量复杂的数据洞见内在本质。我们在日常生活中会遇到各种数字，想要揭示隐藏在其背后的规律和模式，使用图表往往是最佳途径。

好的图表能让我们变得更聪明。

不过在此之前，我们需要先养成认真关注图表、仔细研读图表的好习惯。我们不能只是盯着图表看它表面上展示出的信息，我们必须学会如何**读懂**图表以及如何正确地**理解和阐释**图表。

接下来，这本书将告诉你如何才能更好地读懂图表。

目 录

| 引 言 |
谁是赢家

2017 年 4 月 27 日，美国总统唐纳德·特朗普（Donald Trump）会见了路透社记者斯蒂芬·阿德勒（Stephen Adler）、杰夫·梅森（Jeff Mason）和史蒂夫·霍兰德（Steve Holland），他们对特朗普总统在就职后的 100 天内取得了哪些成就展开了讨论。特朗普向三位记者展示了一份 2016 年的选举地图[1]。

（资料来源：库克报告）

特朗普接着说："给你们，你们可以把这份地图留下，这是按最终的选票数据绘制的地图。挺棒的，是吧？红色的明显是支持我们的。"

当我读到这篇采访的时候，我想我能够理解特朗普总统对这幅地图的钟爱之情。尽管大部分预测只认为他有 1%～33% 的胜率，尽管美国的共和党集团根本不信任他，尽管他那些赤裸裸的竞选活动总是出现混乱，尽管对女性、少数族裔、美国情报机构甚至是退伍军人都发表过一些颇具争议的言论，他还是赢得了 2016 年的大选。许多专家和政客都预言过特朗普的落败。但是事实证明他们都错了。特朗普击败了概率，把总统席位收入囊中。

不过成为赢家并不意味着可以随心所欲，他不应该推广这张具有误导性的地图。如果在缺乏语境的情况下单独呈现这张图，那么它将误导看图的人。

2017 年这张地图在很多其他场合都出现过。根据 The Hill 网站[2] 的文章来看，白宫的工作人员放大了该地图并用相框进行装裱，然后把它挂在了白宫的西翼。这张地图还经常被保守派媒体机构用来宣传，其中最典型的包括：福克斯新闻（Fox News）、Breitbart 网站、InfoWars 播客等。右翼社交媒体达人杰克·波索别克（Jack Posobiec）出版了著作《支持特朗普的公民》（*Citizens for Trump*），并用这幅地图作为书的封面，封面大致如下：

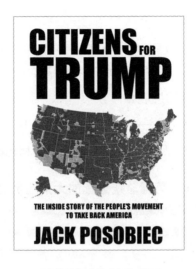

《支持特朗普的公民》封面

　　在过去的 20 年里，我一直在制作各种图表，并且我也在教别人如何设计图表。我坚信每一个人——包括正在读这本书的你——都可以学会如何读懂图表，甚至能够学会制作好的图表，所以，我会向任何有此需求的人免费提供我的建设性意见。当我在社交媒体上看到波索别克的书时，我的建议是：他要么把书名改掉，要么把那幅地图改掉，因为地图与书名所传递的信息不符。

　　这幅地图的误导性在于，发布者想用它来展示为竞选双方投票的公民，但是实际上它体现的不是公民而是地区。我建议波索别克要么换一幅能够更好地与主书名和副书名相匹配的图，要么干脆把书名换成《支持特朗普的郡县》，因为这才是这幅地图真正展示的信息。不过他对我的建议视而不见。

我们来大概估算一下两种颜色——红色（共和党）和灰色（民主党）——的比例。粗略看来，地图上80%的面积是红色的，20%是灰色的。这幅图意味着特朗普取得了压倒性的胜利，然而事实上特朗普的胜利根本没有什么"压倒性"可言。大众选票（popular vote）——也就是波索别克所谓的"公民"投票——的结果显示，双方的支持率可谓平分秋色。

2016年美国总统大选的大众选票分布比例

唐纳德·特朗普 ████████████ **46.1%** 62,984,825票
希拉里·克林顿 ████████████ **48.2%** 65,853,516票
其他竞选者 ███ **5.7%**

我们甚至可以更苛刻地指出竞选的参与率只有60%左右[3]，超过40%的符合条件的投票人并没有前往投票点。如果我们以所有符合条件的投票人为分母制作一幅图表的话，我们会发现为两大主要阵营投票的公民都没有超过总数的1/3。

选票占符合条件的投票总人数的比例

未投票 ████████████ **40%**
唐纳德·特朗普 █████████ **28%**
希拉里·克林顿 █████████ **29%**
其他竞选者 ██ **3%**

那么如果我们把**全部**的公民都算上，会怎样呢？美国总共有3.25亿人口，根据凯泽基金会（Kaiser Foundation）的统计，其中约有3亿人拥有美国公民身份。按照这个数据来计算会发现，

"支持特朗普的公民"或者"支持希拉里的公民"都刚刚超过
1/5 而已。

特朗普总统的批评者迅速地严厉抨击了他的做法，认为他不
应该向三位记者展示这张以郡县为单位的地图。他们质问特朗普
为什么要以平方英里为单位来计算自己的胜利？特朗普为什么忽
视了这样一个重要的事实——支持特朗普的那些郡县（2，626
个）大多地广人稀，而支持希拉里的那些地区（487）虽然面积
小，但是大多是城市，而且人口密度很大？

下面展示的这幅美国大陆地图是由制图师肯尼斯·菲尔德
（Kenneth Field）设计的，它揭示了事实的真相。图中的每个点
都代表一个投票人。灰色代表支持民主党，红色代表支持共和
党，点的位置大致可以体现投票人是在哪里进行投票的（不过并
非完全精确）。可以看到地图中有大片地区都是空的。

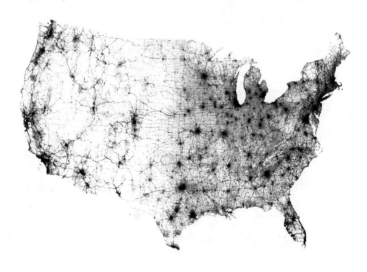

　　我一直在试图努力维持媒体和信息来源的均衡。我会关注各种意识形态的出版物和自媒体。近年来我发现了一些令人担忧的变化，美国日益加剧的意识形态两极分化导致了对图表偏好的分化。我读到的一些保守派媒体钟情于特朗普总统展示给记者们的郡县级地图。他们时不时就会把这幅图拿出来在网站上发表或者通过社交媒体账号进行转发。

　　与此同时，自由派则更中意于《时代》杂志和一些其他期刊发表的气泡图[5]。在这种图表中，气泡的大小体现了获胜方在各个郡县获得的选票多少。

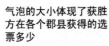

气泡的大小体现了获胜方在各个郡县获得的选票多少

● 支持特朗普的投票更多
● 支持希拉里的投票更多

　　保守派和自由派都在嘲笑对方的愚昧。"你怎么能在推特上发布那张地图？你看不出它歪曲了选举的结果吗？"

　　这不是嘲笑不嘲笑的问题。由于我们通常会用信息来强化我们自己的信念，所以在这场争论中持不同立场的双方抛出了不同的图表：保守派想让人们坚信己方在 2016 年大选中取得了压倒性的胜利；而自由派则通过强调希拉里·克林顿在大众普选中的得票占比来进行自我安慰。

自由派指出那张用颜色覆盖的郡县地图不能恰当地表现两名主要候选人所获得的票数，他们说得没错。但是自由派所青睐的气泡图也有问题。气泡图展现了候选人在其获胜选区中得到的票数，但是却忽视了其在落选选区中所获得的票数。在保守派的选区也有一些人为希拉里·克林顿投票。在自由派的选区也有人为唐纳德·特朗普投票。

如果我们想聚焦大众普选的情况的话，那么肯尼斯·菲尔德的地图或者以下的这一组地图或许是更好的选择。如图可见，红色的气泡（支持特朗普）比灰色的气泡（支持希拉里）多，但是数量较少的灰色气泡通常要大得多。当我们把这样的地图放在一起展示时，就不难理解为什么这次大选的结果会被许多州的相对少量的投票所左右。如果你把红色气泡和灰色气泡的面积分别相加，会发现它们大体相当。

支持唐纳德·特朗普的票数 支持希拉里·克林顿的票数

气泡大小与其在各个郡县所获得的票数成正比

话虽如此，但是保守派和自由派都没有抓住要点。在美国赢得总统选举的要点既不在于你能掌控多少选区，也不在于你能在全国范围内为自己拉到多少选票；关键在于选举团（Electoral College）及538名选举人。想要在竞选中获胜，你至少需要270名选举人的支持。

每个州都有自己的选举人，其人数与国会代表人数相等：每个州有两名参议员，而众议院代表的数量则要视该州人口而定，两者数量相加即为该州的选举人数量。以某一个小州为例，固定的参议员数量（每个州两名）加上一名众议院代表名额，那么这个州将被分配三名选举人名额。

小州实际获得的选举人名额数量通常大于基于纯粹计算算出的数字；也就是说，无论这个州的人口有多少，该州至少可以确保三个选举人名额。

接下来你要如何赢得某个州的选举人的支持呢？除了内布拉斯加州和缅因州以外，其他所有州均实行"赢者通吃"制——哪怕候选人在该州的公民普选中仅以极其微弱的优势胜出，他/她也能获得来自该州全部选举人的支持。

换言之，只要你在某州能够确保普选票数超过对手，哪怕只是一票之差，你就能够锁定该州的全部选举人票；至于你在普选中超出对手的票数究竟是多是少，其实对获得选举人的支持并没有影响。你甚至不需要获得多数支持，只要你获得的普选选票是最高的（哪怕没超过半数）就够了。假如你在某个州只获得了45%的普选选票，但是你的两位对手的支持率分别是40%和15%，你也仍然能够获得该州的全部选举人票。

特朗普获得了304张选举人投票。希拉里尽管在全国选民的维度上以 300 万人的微弱优势胜出了，而且在加利福尼亚州这样的人口大州拥有众多拥趸，但是她只获得了 227 张选举人选票。有 7 位选举人没按常理出牌，把选举人票投给了非候选人。

因此，如果我当选了美国总统——尽管不存在这种可能性，因为我不是在美国出生的——假如我想为了庆祝胜利而印制一些图表并把它们装裱起来挂在白宫的墙上，那么这幅图应该长成下面这两幅图的样子。这两幅图的关注点放在了有决定意义的因素上——既不是赢得的郡县数量，也不是公民普选情况，而是两位候选人所获得的选举人票数情况。

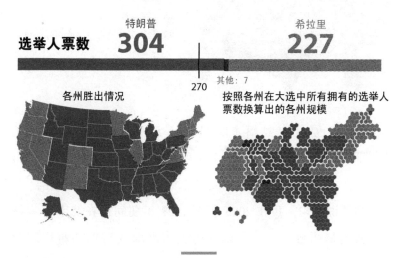

你将在本书中学到各种图表，地图只是其中的一种。遗憾的是，地图也是受到最严重误用的一种。2017 年 7 月，我读到一则消息说：一位美国流行歌手基德·洛克（Kid Rock）正在准备参加 2018 年的参议院选举[6]。虽然他后来声称那不过是一个玩笑[7]，但是他当时可不像是在开玩笑。

我不太了解基德·洛克，所以我浏览了他的社交媒体账号，也看到了他在自己的线上商店 KidRock.com 出售的一些商品。由于我酷爱图表和地图，所以一件印有 2016 年总统大选结果的趣味地图 T 恤瞬间抓住了我的眼球。这件神奇的 T 恤说明，按照洛克先生的见解，大选的结果与两个不同国家的界限有关。

你大概也知道，这幅（州维度的）地图并不能精确地展示美国（即：共和派的美国）和蠢货去死斯坦国（即：民主派的美国）之间的边界。选区维度的地图或郡县维度的地图或许会更精准。

顺便说一句，我在 2005 年至 2008 年期间住在北卡罗来纳州。我本是西班牙人，所以在来美国之前我对柏油脚后跟州（TarHeel State）⊖知之甚少，我唯一知道的就是以前在西班牙报纸上看到这个州时，它总是在总统大选中被标成红色。所以我知

⊖　柏油脚后跟州是北卡罗来纳州的昵称，与其盛产和出口沥青的历史有关。——译者注

道我将要落脚在一个以保守派为主的地方。没问题。我的思想和意识形态都比较温和。但是我的预期却被误导了。出乎意料的是，当我来到北卡罗来纳州的时候，我来到的并不是美国——假如我们按照基德·洛克的命名方式来表达——我降落在了蠢货去死斯坦的腹地！橘郡（北卡罗来纳）的教堂山—卡波罗地区，也就是我所居住的地区，非常的激进和自由，比美国的大部分地区更甚。

我现在居住的城市是肯德尔（佛罗里达州），属于大迈阿密地区，同样为自己的蠢货去死斯坦的传统而深感自豪。依我看，下面这两幅图才真正揭示了洛克先生的 T 恤上所指的两个世界的疆界。

■ 美利坚合众国
■ 蠢货去死斯坦

我居住的地方

唐纳德·特朗普总统在 2018 年 1 月 30 日首次发表了国情咨文。尽管他只是把提词器的内容念了一遍而已，右翼权威人士仍然对他的出色表现赞不绝口，而左翼人士则投来了各种批评的声音。特朗普花了一些时间来讨论犯罪问题，这段陈述引起了经济学家、诺贝尔奖获得者、《纽约时报》的专栏作家保罗·克鲁格曼（Paul Krugman）的关注。

在 2016 年竞选期间以及在其后执政的第一年间，特朗普曾经在一些场合提到美国暴力犯罪的突增，特别是谋杀。特朗普将此归咎于非法移民，他的这一断言已经被驳斥了很多次，以至于克鲁格曼在自己的专栏中将其称为"狗哨"[8]。

不过，克鲁格曼并没有就此止步。他补充说，特朗普并不是"在夸大问题，或者把责任归咎于错误的人群。他是凭空创造了一个本不存在的问题"，因为"并不存在所谓的犯罪高峰——虽然近期有过一些波动，但是很多美国大城市正在同时经历外国出生人口的激增和令人难以置信的暴力犯罪的显著下降"。

以下是克鲁格曼所提供的一幅图表，以此来作为佐证：

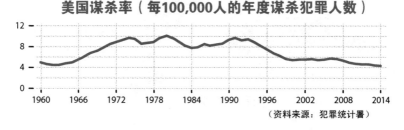

美国谋杀率（每100,000人的年度谋杀犯罪人数）

（资料来源：犯罪统计署）

看起来克鲁格曼所言极是：自 20 世纪 70 年代、80 年代和 90 年代初期的谋杀率高峰之后，美国正在见证谋杀率的显著下

⊖　狗哨（dog whistle）是澳大利亚牧羊人呼唤牧羊犬使用的一种高频口哨，人听不到这种声音，只有牧羊犬能够听到。后以此指代政客们以某种特定的方式说出一些取悦特定群体的话，使之仅仅传入目标群体的耳中，特别是为了掩盖某些容易引起争议的信息而有意为之。——译者注

降。广义的暴力犯罪的变化趋势也与此相似。

　　但是，这篇发表于 2018 年年初的文章所引用的数据却只截止到 2014 年，难道这不奇怪吗？尽管精确的犯罪统计数据是很难获取的，而且在克鲁格曼发表这篇文章的时候很难对彼时的最新犯罪情况进行准确的预测，但是美国联邦调查局（FBI）当时已经发布了截至 2016 年的犯罪数据以及对 2017 年的犯罪数据的初步预测[9]。如果我们把上述数据加到图表中，结果会变成这个样子——谋杀率在 2015 年、2016 年、2017 年三年出现连续增长。这个结果看上去可完全不像是所谓的"波动"啊。

美国谋杀率（每100,000人的年度谋杀犯罪人数）

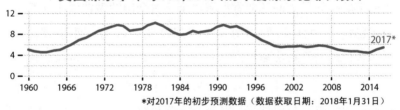

*对2017年的初步预测数据（数据获取日期：2018年1月31日）

　　我想，像克鲁格曼这种级别的大师应该不至于刻意隐瞒数据。作为一名图表设计师和一名记者，我也犯过各种愚蠢的错误，所以基于我的个人经历，我已经学会不把这些错误归因于恶意。用马虎、大意、草率来解释这些错误似乎更单纯一些。

　　不过克鲁格曼抛出的观点也有其正确之处，现如今的谋杀率已经比 30 年前低多了。如果你把这幅趋势图缩小，再去观察它的整体趋势，你会发现谋杀率的长期总体趋势是下降的。不过，一遇到犯罪问题，政治家和权威们就总是忽视长期趋势，而是随手拿出近几年的数据来说事儿。

尽管如此，谋杀率自 2014 年以来所呈现的上升趋势是有意义的，这部分数据不应该被隐瞒。至于这些数据究竟有多大的意义？这取决于你所居住的地区。

全国谋杀率趋势图看起来简单明了，但是它隐含的信息并不比它揭示出来的信息少。这是图表所具有的一个普遍特征，既然图表通常是复杂现象的简单表征，那么它必然隐去了一些信息。谋杀率并不是在美国全境都呈现增长趋势。美国的大部分地区都非常安全。

相反，谋杀案件在美国属于地方性的难题：一些中等城市和大城市的社区暴力问题非常严重以至于对全国的整体谋杀率都产生了影响[10]。如果我们用图表来展现这些社区的犯罪率就会发现，它们的曲线将远超出网格上线，甚至有可能冲出这张纸的边缘。如果我们把这几个社区从总体数据中去掉，那么全国谋杀率的曲线将在近几年保持平稳甚至有下降趋势。

当然了，这样做不太合适：毕竟这些冰冷的数字代表了那些被杀害的人。在对这些数据进行区分的同时，我们可以也应该要求把这些社区的数据排除，然而政客们和权威们会认为总体数据和极端值（extreme values）——也称离群值（outliers）——都会影响谋杀率的走势。

为了帮你理解这个统计问题以及极端值的影响，请允许我打个比方：设想一下你正在酒吧里喝啤酒。屋里还有另外 8 个人在喝酒聊天。你们 9 个人这辈子都没杀过人。这时，第 10 个人进

来了，他是一个犯罪团伙的职业杀手，在他的职业生涯中干掉过
50 个对手。瞬间，酒吧里的人均杀人数量就跃升到了 5！不过这
个数据当然不会自动把你本人变成一名杀手。

———

　　所以说，图表可能是会骗人的，因为它们要么显示了错误的
信息，要么展示了过少的信息。不过，即便一张图表既能够展示
恰当类型的信息也能够展示适当数量的信息，它还是有可能因为
糟糕的设计和标签而具有欺骗性。

　　2012 年 7 月，福克斯新闻（Fox News）称巴拉克·奥巴马
（Barack Obama）总统计划宣布乔治·布什（George W. Bush）总
统颁布的对联邦最高税率的削减将于 2013 年失效。那些巨富们
将会看到自己的税额增长。涨多少？你可以估算一下图中第二个
柱子的高度与第一个柱子相差多少，第一个柱子代表布什总统的
最高税率政策。这笔税费的增长相当庞大！

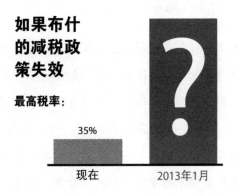

这幅图表只在福克斯新闻中展示了几秒钟的时间，它其实是包含数字的，只不过数字非常小，小到难以看清。不难发现税率的增长其实大概只有 5 个百分点，但是柱状图却被设计得严重变形以夸大事实：

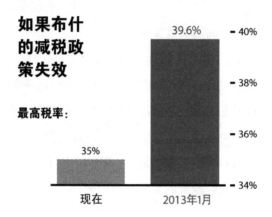

我跟所有人一样都希望税率越低越好，但是我更讨厌为了反对增税而使用经不起推敲的图表，无论制作这幅图表的人的政治倾向如何，这种做法都令人反感。不管这幅柱状图是谁做的，制图的人都违反了图表设计的基本原则：如果你是通过某种图形——比如这个案例中的柱子——的长度或高度来表示数字，那么其长度和高度应该随数字大小等比例变化。因此，建议把该柱状图的基线调至 0：

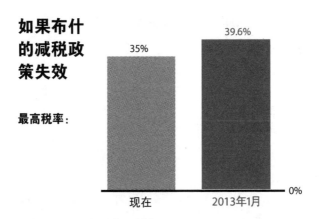

本书将要介绍各种歪曲数据感知的伎俩，其中最容易被拆穿的一种就是把图表的基线设为非零。不过这种篡改标尺的做法正是持各种不同意识形态的党派的那些造谣者和说谎者所惯用的众多策略之一。还有很多其他的伎俩远比这种策略更难以拆穿，我们马上就会谈到这些内容。

————

即使图表的设计正确，它仍然可能欺骗我们，因为我们不知道如何正确地解读它——比如说，我们没有掌握它的符号和语法，或者比如我们误解了它的意思，抑或两者兼而有之。大部分人认为图表是一种简洁优美的表现形式，它易于理解，恰恰相反，图表并不是一种能够凭直觉去理解的视觉展现形式。

2015 年 9 月 10 日，Pew 研究中心发表了一项关于美国公民对基础科学知识的调查测验结果[11]。其中一道题要求受试者解读以下图表。请你尝试解读以下这张图表，如果你错了也别慌张：

17

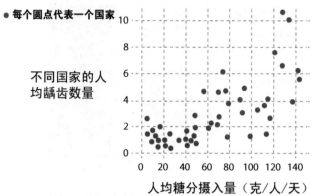

人均糖分摄入量和人均龋齿数量的关系

不同国家的人均龋齿数量

人均糖分摄入量（克/人/天）

（资料来源：Pew研究中心）

如果你没有见过这种图的话，请允许我说明一下，它叫做散点图（scatter plot）。每个点代表一个国家；我们不需要知道具体是哪个国家。这些点在图中的横坐标上的位置取决于该国的日人均糖分摄入量。换句话说，点越靠右，说明该国国民人均摄入的糖分越多。

这些点在图中的纵坐标上的位置取决于该国的人均龋齿数量。也就是说，点越靠上，该国国民的人均坏牙数量越多。

我估计你能发现一种大致的规律：总体上讲，点越靠右，点就越倾向于靠近上方——这个规律也是符合预期的。这就叫两个变量存在正相关（positive correlation）：糖分摄取与令人担忧的口腔问题在国家的维度上是正相关的。（仅凭这张图本身并不能证明更多的糖分摄取会导致更多蛀牙，我们待会儿会说到这个问题）。相关性也可以是负的；比如说，一个国家的教育程度越高，通常它的贫困人口占比就会越低。

　　散点图不是什么新鲜事物，它的出现时间与我们早在小学就学着去解读的那些柱状图、线形图、饼图一样早。尽管如此，大概有四成参与调查的受试者（37%）不能正确地解读散点图。这一结果可能跟调查中的问题呈现形式或者其他结果有关，但是对我来说这个结果还是说明美国人口中有较大比例的一群人在解读图表方面会遇到困难，而这些图表在科学领域非常常见，而且在新闻媒体中也逐渐变得更加常见。

　　这种解读困难不仅仅出现在散点图上。对于那些乍看上去很容易解读的图表来说，同样会存在这种困难。哥伦比亚大学的一组研究人员对 100 名被试展示了以下的图像型图表[12]：

每周水果供给

（资料来源：Adriana Arcia，哥伦比亚大学护理学院）

　　这个图表说明一个假想人"维克多"比他的同龄人每周摄入更多的水果，但是与建议的水果配给量 14 相比还是少了一些。

　　这个图表想要说的是："维克多目前每周吃各类水果的量是12。他摄入的水果量比同龄人的平均水平高，但是 12 还是不够。

他应该吃到 14。"

一些受试者完全从纸面上的意思来进行解读。他们认为维克多应该每周严格按照图片上的蔬果的种类和数量摄入 14 次水果！甚至有一名受试者抱怨道："难道要吃一整个菠萝吗？"如果用一个苹果来替换图中的图标，以此来代表"水果供应"这个概念，也会出现相似的结果。在这种场景下，有一位受试者对每日摄入水果的"单一性"表示了不满。

━━━

无论大家是否能正确地解读图表，图表具有诱惑力和说服力的本性不变。2014 年，纽约大学的一组研究人员设计了一组实验，以评估图表相对于文本信息而言究竟有多大的说服力[13]。他们想要探究以下三张图表——关于公司所得税的图表、关于入狱率的图表、关于孩子们玩电子游戏的原因的图表——是否会改变人们的看法。例如，在电子游戏的例子中，他们的目的是向参与者展示一些与媒体所传递的信息相反的数据——孩子们玩电子游戏不是因为他们喜欢暴力，而是因为他们想要放松，想要放飞想象力，或者是因为他们想跟朋友们社交。

许多参与者的想法会因图表而改变，特别是在他们对图表的主题内容没有强烈的预设观点的情况下更容易被改变。作者推测，之所以会出现这种情况"的部分原因在于由数字所支持的证据会提升人们关于其客观性的感知"。

正如作者自己所承认的那样，这类研究也有局限性。例如，很难说清到底是什么因素让参与者觉得有说服力：是呈现数字所使用的视觉展现形式，还是数字本身？正如常言所云，想要揭开谜底，还需要做更多的研究。但是一些我们已经掌握的试探性的证据表明，无论我们是否能够对图表进行恰当的解读，媒体只要抛出各种图表，我们就会被这些数字和图表哄骗。

图表的说服力是有代价的。通常，图表之所以会欺骗我们，是因为我们总是自欺欺人。我们人类使用数字和图表是为了强化我们的观点以及偏见，这种心理倾向被称为确认偏差（confirmation bias）[14]。

共和党议员史蒂夫·金（Steve King），是严格限制移民数量政策的坚定拥趸，他在2018年2月发了这样一篇推特短文：

非法移民正在做美国人厌恶的事情。那些非法移民们来自的国家的暴力死亡率是美国的16.74倍。国会必须清楚这样做的结果：这会导致更多的美国人死亡[15]。

金还附了两张图表。在表中美国并没有被显示出来，它位列第85名，暴力致死率约为6人/100000人。

每100,000人的暴力致死率

排名	国家	暴力致死人数	排名	国家	暴力致死人数
1	萨尔瓦多	93	11	巴拿马	34
2	危地马拉	71	12	刚果（金）	31
3	委内瑞拉	47	13	巴西	31
4	特立尼达和多巴哥	43	14	南非	29
5	伯利兹	43	15	墨西哥	27
6	莱索托	42	16	牙买加	27
7	哥伦比亚	37	17	圭亚那	26
8	洪都拉斯	36	18	卢旺达	24
9	斯威士兰	36	19	尼日利亚	21
10	海地	35	20	乌干达	20

金被自己的数据和图表骗了，他很可能也由此进一步骗了一些他的选民和追随者。这些国家的暴力程度确实比美国高很多，没错，但你不能仅凭该图表推测那些从上述国家移民到美国的人就具有暴力倾向。反之倒很可能成立！这些来自危险国家的移民和难民很可能是温顺平和的人，正因此他们在原有的社会中会受到罪犯的骚扰，不能正常工作和成长，故此才逃离了他们故有的社会。

我来给你打一个有意思的比方，在西班牙，大量属于我这个年龄层的男性都喜欢足球、斗牛、弗拉明戈舞和雷鬼风格的歌曲"Despacito"。我是西班牙人，但我对上述这些内容统统不感兴趣，而且我的西班牙兄弟们也没有一个喜欢这些东西的。我的朋友们比较喜欢那些宅男活动，比如：玩策略类桌游、看漫画、读科普读物、看科幻小说等。我们必须时刻保持警惕，不要用基于人口统计得出的规律来推论个体的特征。科学家们将此称为生态谬误（ecological fallacy）[16]。你很快将有机会了解这个概念。

———

图表可以通过很多方式来欺骗我们：通过展示错误的数据，通过纳入不恰当的数据量，通过糟糕的设计——或者，即使这些图表都经过了专业的处理，它们最终还有可能会欺骗我们，原因是我们对它们进行了多维度解读，或者因为我们总想从图表中寻找我们愿意去相信的信息。与此同时，图表——无论好坏——无处不在，而且它们非常有说服力。

这些因素结合在一起可能会导致一场错误信息和虚假信息的完美风暴。我们必须要变成专注而又明智的图表解读者。我们必须对图表更加精通。

地理学家威廉·巴尔钦（William G. V. Balchin）于1950年创造了"图形能力"（graphicacy）这一术语。在1972年的地理学会年度会议上他解释了这个术语的含义。从字面上讲，巴尔钦说，识字是一种读写能力，表达能力（articulacy）是一种口语能力，计算能力（numeracy）是一种处理数字证据的能力，而图形能力则是一种理解视觉图形的能力[17]。

此后，"图形能力"一词出现在众多出版物中。20年前，地图绘制师马克·蒙莫尼尔（Mark Monmonier）——也是经典著作《会说谎的地图》（*How to Lie with Maps*）一书的作者——写道，任何受过教育的成年人都不仅仅要具备良好的读写能力和表达能力，还要具备合格的计算能力和图形能力[18]。

现如今这句话更是字字珠玑。现代社会的公开论述大都是基于统计数据和图表的，图表是这些统计数据的可视化描述。作为一名见多识广的公民想要参与到这些讨论中去，我们必须懂得如何解读并使用图表。如果能成为一名更优秀的图表阅读者，你也将有机会成为一名更优秀的图表设计师。制作图表并不神秘。通过在普通的个人电脑上安装程序或者通过直接在网站上使用相关的应用，你就可以创建图表，这些程序和应用包括：Sheets（谷歌）、Excel（微软）、Numbers（苹果），开源程序包括 LibreOffice 以及一些其他应用[19]。

　　读到这里你应该明白图表确实是会骗人的。尽管如此，我希望能够向你证明，读完本书之后你不仅可以识破骗局，而且可以在好的图表中发现真相。设计得当的表格如果能够得到正确的解读，的确可以让我们变得更聪明，让我们的交流更加顺畅。我诚邀你睁大眼睛去发现图表中隐藏的奇妙真相。

| 第一章 |
可视化的原理

关于图表，你首先需要了解的是：

任何图表（不管它设计得多么精巧）都可以在"一不留神"间对我们构成误导。

但是，如果我们对图表足够"留神"的话，会怎样呢？我们需要具备读懂图表的能力。在学习图表如何骗人之前，我们得先学习图表在被恰当运用的情况下具备哪些作用，以及如何发挥这些作用。

图表——也可以被称为可视化（visualizations）——的基础是由各种符号组成的一套语汇和语法体系，以及相关的各种约定。通过学习这些语汇、语法、约定，我们可以防止自己滥用图表。

让我们从最基础的开始入手。

1786 年有一本非同寻常的著作面世了，它的标题似乎有点"名不符实"：《商业与政治地图集》（*The Commercial and Political Atlas*），作者是博学者威廉·普莱费尔（William Playfair）[1]。"一本地图集？"当时的读者可能会一边浏览书籍内页一边感到奇怪：

"这本书里根本就没有什么所谓的地图!"但是,这本书确实有地图。下面展示了普莱费尔书中的一幅图。

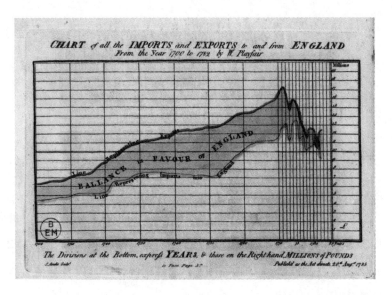

你可能会将这幅图看作一幅普通的线形图,也叫作时间序列线性图。横坐标是年份,纵坐标是某一度量值,而贯穿全图的两条曲线表示这一度量随时间的变化情况。上方的深色曲线代表从英国出口到其他国家的物资情况,下方的浅色曲线代表英国的物资进口情况。而两条曲线之间的阴影部分则代表贸易差额,也就是出口和进口之间的差值。

现如今,花时间来解释如何解读这样一幅图表看起来似乎有点多此一举。就连我八岁大(正在读三年级)的女儿都已经看惯了这种图表。但是在18世纪末的时候,这样的图表可没有那么普遍。普莱费尔的地图集是第一本以图表形式系统地描绘数字的书，所以他花了大量的篇幅把读者们所看到的图表文字化。

普莱费尔之所以要对图表做这些解释说明，是因为他知道图表并非一种"一目了然"的存在：图表与书面语言类似，书面语言的基本要素包括：符号、规则（句法或语法）和含义（语意）。其中规则的作用是指导我们如何运用符号以使其能够承载相应的含义。如果你不理解图表的词汇或语法，或者如果你不能根据你所看到的图表形成正确的推论，那么你就不具备解码图表的能力。

普莱费尔的书名中包含"地图"这个词，是因为这本书确实是一本地图集。书中的地图所展现的或许不是地理位置，但这些地图都借鉴了传统的地图制作和几何学原理。

思考一下，我们如何能够定位地球表面上的任意一点？我们是通过计算出该点的坐标——经度和纬度——来进行定位的。例如，自由女神像坐落在赤道以北 40.7 度，格林尼治子午线以西74 度。要画出它的位置，我只需要一张地图并在其上覆盖纵坐标（纬度）和横坐标（经度）的细分网格。

普莱费尔洞察到：既然经度和纬度是数量，那么它们就可以被其他任何数量替代，比如说用年份来替换经度（横坐标），用进出口量替换纬度（纵坐标）。正是这一洞见使他创造出第一幅线形图和柱状图。

普莱费尔所运用的几个简单元素恰恰是图表内在机制原理的核心所在：图表的架构（scaffolding）以及视觉编码（visualen-

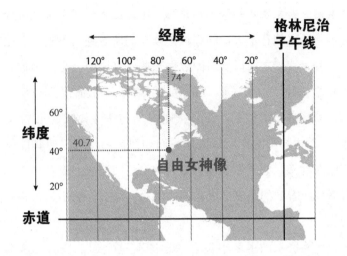

coding) 的方法。

　　讲到这里，我就免不了要说一些专业的东西了，但我保证这一章让你多付出的这些努力会在之后为你带来回报。此外，我接下来将要讲解的这些内容可以把你武装起来，让你更从容地应对绝大多数随处可见的图表。忍耐一下，你的耐心会被奖赏。

　　要想读懂图表，你必须关注那些关于内容并支持内容的特征——图表的架构，同时你还要关注内容本身——数据是如何被展现的，或者说数据是如何被编码的。

　　架构包含以下特征，比如：标题、图例、刻度、署名（制图者是谁?）、来源（这些信息来自哪里?）等。仔细阅读这些架构特征是很重要的，因为其能帮我们抓住一些重要信息，比如：这幅图表是关于什么的、衡量的是什么数据、如何衡量等。以下列举了一些图表的例子，所有图表都有内容展示，只不过有的图表展示了其架构，而有的图表没有展示架构：

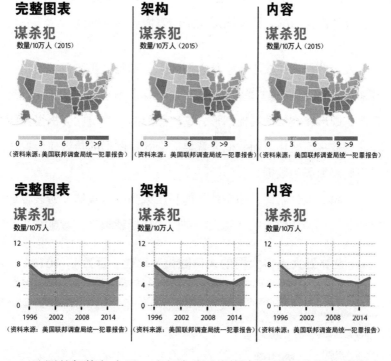

地图的架构包含了一个颜色渐变的图例，图例的颜色越深表示谋杀率越高，颜色越浅表示谋杀率越低。线形图的架构包含用来说明度量单位（每十万人的谋杀率）的标题和副标题，以及横纵坐标上的标签（可以帮你对比不同年度之间的数据），以及数据的来源。

有时，可以用简短的文字注释来为图表进行补充，通过文字强调或澄清一些重要的点。（设想一下，假如我在图表上添加了

"路易斯安那的谋杀率位列全美首位，高达 11.8 每 10 万人"这样一条注解，会是什么效果。）我们把这种补充说明称为"注记图层"（annotation layer），这个术语是由《纽约时报》制图部门的设计师们发明的。注记图层也是图表内容的一部分。

　　大多数图表的核心元素是它们的视觉编码。我们通常使用符号来创建图表——这些符号通常是（但也不全是）几何图形：矩形，圆形，类似的其他图形；这些图形的一些属性会根据其所表征的数字而变化。而我们究竟要改变几何图形的什么属性取决于我们要编码的数据。

　　想象一幅柱状图，图中柱子的长度或高度是根据其所表征的数据等比例变化的；数字越大，对应的柱子就长（或者越高）：

世界五大人口大国的人口数量（单位：百万），2018

中国 1,415
印度 1,354
美国 327
印度尼西亚 267
巴西 211

　　拿印度和美国来对比，印度的人口大概是美国人口的四倍。由于图中我们选定的编码元素是柱子的长度，因此代表印度的柱子肯定是代表美国的柱子的长度的四倍左右。

　　除了长度或高度之外，图表还可以采用许多其他的编码方式。其中一种比较流行的编码方式是使用位置来进行编码。在下

面的图表中，每个圆点代表佛罗里达州的一个县，其在水平坐标
（X 轴）上的位置代表该县的人均年收入。圆点越靠近 X 轴的右
侧，代表该县的典型居民越富有。

县人均年收入中位数（每个点代表一个县）　　　（资料来源：人口调查局）

这张图表比较了佛罗里达州各县的收入中位数。中位数是将
所有数据分成相等的两半，居于最中间的那个数值的大小。举个
例子：联合县的收入中位数是 13,590 美元，该县的人口大概是
15,000 人。由此可知，中位数告诉我们联合县的居民中约有
7,500 人年收入高于 13,590 美元，而另 7,500 人年收入低于
13,590 美元——但是我们不得而知的是，这些人的收入比 13,590
美元高或低多少：这里可以包含极端情况，诸如有些人的年收入
是 0，而有些人年收入超过百万美元。

为什么我们要使用中位数而不采用更广为人知的算术平均
值——也被称为平均数？原因在于均值对极端值非常敏感，也正
因此，收入均值比典型收入要高得多。设想一下这种情况：你想
研究某县的收入，该县有 100 名居民，其中 99 名居民的年收入
在 13,590 美元上下，但是还有 1 名居民年收入可达百万美元。

按照该数据分布，其中位数仍然会是 13,590 美元：一半的
居民收入略低于该值，另一半居民——包括我们的巨富朋友——

收入比该值高。但是如果采用均值的话，收入均值会远高于
13,590 美元，高达 23,454 美元，这个值是通过把该县内所有居
民的收入加和然后再除以该县总人口 100 得出的。俗话说得好，
只要比尔·盖茨出席一个会议，会议室里的每个人都能变成百万
富翁——如果我们按算术平均值计算这群人的财富的话。

回到前面的点图。我们的大脑中有一部分专门用于处理我们
眼睛所收集到的信息。这就是为什么通常当数据通过视觉编码进
行展现时，我们更容易发现关于数字的一些有趣的特征。看一眼
以下展示出的数字表格——它也是一种图表，只不过没有使用视
觉编码，它展示了佛罗里达州的所有县及其相应的收入中位数。

县	收入中位数	县	收入中位数	县	收入中位数
Alachua County	24,857	Hamilton County	16,295	Nassau County	28,926
Baker County	19,852	Hardee County	15,366	Okaloosa County	28,600
Bay County	24,498	Hendry County	16,133	Okeechobee County	17,787
Bradford County	17,749	Hernando County	21,411	Orange County	24,877
Brevard County	27,009	Highlands County	20,072	Osceola County	19,007
Broward County	28,205	Hillsborough County	27,149	Palm Beach County	32,858
Calhoun County	14,675	Holmes County	16,845	Pasco County	23,736
Charlotte County	26,286	Indian River County	30,532	Pinellas County	29,262
Citrus County	23,148	Jackson County	17,525	Polk County	21,285
Clay County	26,577	Jefferson County	21,184	Putnam County	18,377
Collier County	36,439	Lafayette County	18,660	St. Johns County	36,836
Columbia County	19,306	Lake County	24,183	St. Lucie County	23,285
DeSoto County	15,088	Lee County	27,348	Santa Rosa County	26,861
Dixie County	16,851	Leon County	26,196	Sarasota County	32,313
Duval County	26,143	Levy County	18,304	Seminole County	28,675
Escambia County	23,441	Liberty County	16,266	Sumter County	27,504
Flagler County	24,497	Madison County	15,538	Suwannee County	18,431
Franklin County	19,843	Manatee County	27,322	Taylor County	17,045
Gadsden County	17,615	Marion County	21,992	Union County	13,590
Gilchrist County	20,180	Martin County	34,057	Volusia County	23,973
Glades County	16,011	Miami-Dade County	23,174	Wakulla County	21,797
Gulf County	18,546	Monroe County	33,974	Walton County	25,845
Florida median	27,598			Washington County	17,385
U.S. median	31,128				

当我们想要识别某些个别数据时，比如想要看某一两个县的收
入中位数，表格是很好的选择。但是如果我们想要从"上帝视角"
掌握所有县的整体情况的话，数字表格就算不上是一个好的选择了。

为了让你明白我的意思，请你回想一下，与看表格相比，通

过看点图来发现以下特性要容易得多：

- 最小值和最大值及其与其他数据的对比关系一目了然。
- 佛罗里达州的大多数县的收入中位数低于美国其他州。
- 有两个县——圣约翰县以及另一个我没有标注的县——的收入中位数明显比佛罗里达其他县高得多。
- 有一个县——联合县——比佛罗里达州其他那些相对比较穷的县还要穷得多。如果你注意到在联合县与其他县之间存在一段空隙的话，你就能获得这个信息。
- 收入中位数较低的县远多于收入中位数较高的县。
- 收入中位数低于州收入中位数（27,985 美元）的县远多于收入中位数高于州收入中位数的县。

最后一点怎么会成立呢？既然，如我所说中位数是将人口一分为二的值。如果我所说的成立的话，那么图表中应该有一半的县比州中位数收入更低，另一半应该比州中位数收入更高，难道不是吗？

但是事情并不是这样。佛罗里达州收入中位数（27,985 美元）不是佛罗里达州 67 个县的收入中位数的中位数，而是超过 2,000 万佛罗里达州居民（不管他们住在哪个县）的收入的中位数。因此，佛罗里达州应该有一半的人（而不是有一半的县）收入低于 27,985 美元/年，与此同时另一半佛罗里达州人的收入高于这个数值。

为了揭开事实真相，让我们仍然以位置为编码的方式来绘制一幅图表。见下图。点在 X 轴上的位置仍然取决于各县的收入中位数；点在 Y 轴上的位置则取决于该县的人口。通过这种方式绘制出的散点图使我们远离直觉的误导：佛罗里达州人口最多的县——迈阿密·戴德——的收入中位数略低于州中位数（该点位于代表佛罗里达州收入中位数的红色竖线的左侧）。其他一些人口大县，如布罗瓦德或棕榈滩等我用红色突出的县，其收入都高于州中位数。

　　仔细看看散点图左侧的那些县。单看每一个县，你会发现它们大多人烟稀少（很多几乎落在了横轴上），但是左侧这些点的人口总和与图表右侧的那些富裕县是持平的。

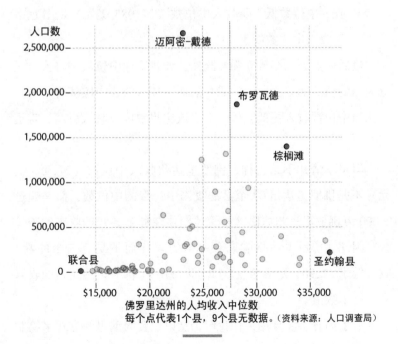

每个点代表1个县，9个县无数据。（资料来源：人口调查局）

我们只是尝试着玩了几个数字游戏，就已经发现了许多关于图表的有趣特性。现在让我们来尝试一些新东西。首先，改变纵轴。我们不再让每个点的垂直位置代表该县的人口，我们让每个点的纵向位置取决于该县截至 2014 年取得了本科学历的人口比例。某县的纵向位置越靠上，就说明该县具有本科学历的人口比例越大。

接下来，让我们根据人口密度（每平方英里的人口数量）来改变点的大小。继长度/高度、位置之后，我们要学习另一个编码方式：面积。气泡越大表示该州的人口密度越大。花点时间来看一下这幅图表——这次还是要关注所有点在纵轴和横轴上的位置——然后考虑一下这幅图揭示了哪些信息：

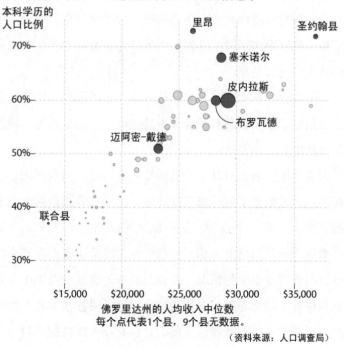

每个点代表1个县，9个县无数据。

（资料来源：人口调查局）

通过快速浏览该图表，我就能获得以下信息：

——总体上讲，一个县的收入中位数越高（在横轴上越靠右），该县拥有本科学历的人口比例就越高（在纵轴上越靠上）。收入和教育水平有正向的关联。

——也有一些例外不符合上述规律。比如，佛罗里达州塔拉哈希的首府里昂（Leon）县具有本科学历的人口比例很大，但是它的收入中位数并没有那么高。这可能受到很多因素的影响，比如，塔拉哈希的贫穷人口很庞大，但是与此同时，这个地方也能吸引很多高学历和高收入的人群定居，因为这些人想当公务员或者想要靠近权力中心。

——通过气泡面积的大小来编码人口密度信息，揭示出那些更富裕、拥有更多受过大学教育的人口的县通常比那些相对更贫穷的县人口更加密集。

如果你很少看图表，你可能会好奇怎么可能如此快速地获得这么多信息。读图表其实跟读文本是类似的：越是熟练，就越能快速地从中获得洞见。

想要看懂图表，有几个普适的技巧我们可以加以利用。第一个技巧，永远别忘了看一眼尺度标记，这样就能知道这个图表度量的是什么。第二个技巧，散点图之所以叫这个名字是有原因的：散点图的目的是展示相对分散的点，展示这些点在图中的不同区域的分散或聚集的情况。在我们展示的这张散点图中，点在纵轴和横轴上的分布都相对比较分散，这说明各县的收入中位数差异程度较大——既有收入较低的，也有收入较高的；对于本科学历的占比亦然。

第三个技巧，将假想的象限叠加在图表上并给各个象限命名。即便这个象限仅存在于你的脑海中，但是如果你能将它与图表叠加，你会立刻发现没有任何一个县落在右下方的象限里，而且左上方的象限里包含的县也很少。大多数县都落在右上方的象限（高学历，高收入）或者左下方的象限（低学历，低收入）。你可以在下图中看到这一结果：

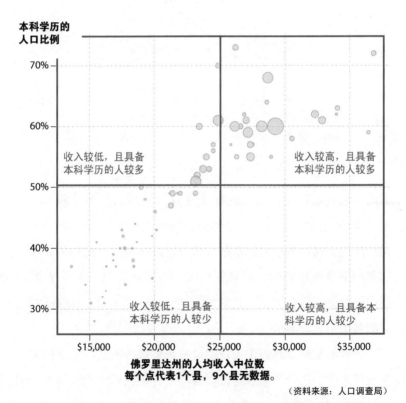

本科学历的
人口比例

收入较低，且具备
本科学历的人较多

收入较高，且具备
本科学历的人较多

收入较低，且具备
本科学历的人较少

收入较高，且具备本
科学历的人较少

佛罗里达州的人均收入中位数
每个点代表1个县，9个县无数据。

（资料来源：人口调查局）

　　第四个技巧，假想一条大致贯穿气泡云中心的直线，并追踪这条线的趋势，它会揭示出人均收入和具备大学学历的人口比例这两个变量之间的关系及其方向。在我们的案例中，这条线是一条斜向上的线（清晰起见，我去掉了各种刻度标记）[2]：

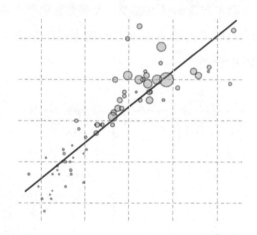

　　如果你运用了这个技巧就会发现，散点的总体趋势是向右上方的，也就是说在横轴上的度量（收入）越高，在纵轴上的度量（本科学历）也越高。这就是正向的关联。也有一些关联性是负向的，这种关系我们在引言部分已经介绍过，比如说，收入和贫困率是负相关的。如果我们把贫困率作为纵坐标（Y 轴），我们的趋势线将会向下，这就意味着一个县的收入中位数越高，它的贫困率可能越低。

　　我们不能通过图表中展现的这种趋势来推论变量之间的关系存在因果性。统计学家总是苦口婆心地告诫我们"相关性不等于因果性"。如果要判断现象之间是否存在因果关系，第一步往往是确定两者之间存在相关性，但是在此之后还要回答很多问题才能界定因果关系（关于这个问题，我将在第六章展开讨论）。

统计学家想要表达的是：我们不能仅凭一张图表就给出结论说更多的大学学历会带来更高的收入，或者反之。这些推论或许是对的，但也可能是错的，甚至可能存在其他的原因可以解释这幅散点图所显示的收入中位数和大学教育的变异性。究竟是哪种情况，我们不得而知。如果仅仅展示一幅图表，我们很难仅凭这幅图表就得出确定性的结论。图表的作用在于帮助我们发现一些有趣的特点，之后这些发现会引导我们通过其他方式去探寻问题的答案。好的图表能够让我们提出好的问题。

在地图中使用面积作为编码方式的做法非常常见。在引言部分，我们看过一幅气泡地图用来展现在 2016 年总统竞选中的主要候选人所获得的票数情况。下面我要展示另一幅气泡地图，气泡的面积随郡县的人口而等比例变化。

洛杉矶郡
1,000万

迈阿密-戴德县
270万

　　我突出了迈阿密-戴德县，因为这里是我居住的地方；我还把洛杉矶也强调了一下，因为此前我并不知道它有这么多的人口。洛杉矶是全美人口最多的郡县之一，它的人口几乎是迈阿密-戴德的四倍。让我们把这两个气泡放在一起，同时用柱状图的柱子长度来编码这两个数据：

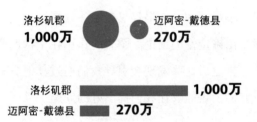

　　你会发现相较于通过面积（气泡图）来表现两个郡县的人口差异，用长度或高度（柱状图）来表现这种差异看上去更明显、更具有冲击力。

　　为什么会这样？我们不妨来这么思考这个问题：一个拥有1000万人口的郡县应该大概是一个拥有270万人口的郡县的四倍。如果我们所选择的代表物的确是随数字大小等比例变化的，我们应该能在洛杉矶的大气泡里塞进四个迈阿密-戴德的小气泡，也应该在代表洛杉矶的长柱子里放进四个代表迈阿密-戴德的短柱子。眼见为实（黑边的圆形交叠的面积大体上与未被覆盖到的空白面积相等）：

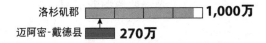

在使用气泡来表征数据的时候，图表设计者最容易犯的错误就是没有按照数据的大小来调整气泡的面积，而是按照柱状图的规则去调整了气泡的长度或高度——即气泡的直径。那些想要夸大数据差异的人常常会故意使用这个伎俩，所以要对此保持警惕。

虽然洛杉矶的人口几乎是迈阿密-戴德的 4 倍，但是如果你把一个圆形的高度扩大 4 倍，就意味着你同时把它的宽度也扩大了 4 倍，由此你得到的圆形的面积不是原始状态的 4 倍而是 16 倍！来看一下，如果我们不是把代表洛杉矶的气泡面积扩大为迈阿密-戴德的 4 倍（正确的做法），而是把代表洛杉矶的气泡的直径扩大为迈阿密-戴德的 4 倍（错误的做法），那么我们得到的这个代表洛杉矶的气泡将能装下 16 个代表迈阿密-戴德的气泡。

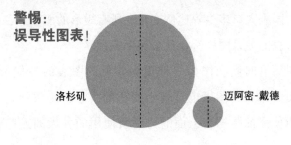

还有很多其他图表以面积作为编码方式，比如，日渐受到新媒体追捧的树图（Treemap）。然而令人感到矛盾的是，树图看起来完全不像是一棵树，它看起来反倒像是一幅由各种大小的矩形所拼凑出来的拼图。以下是一幅树图的示例：

国家和地区的人口

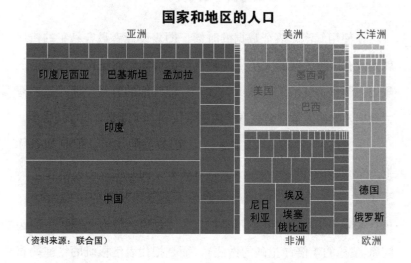

（资料来源：联合国）

树图之所以叫这个名字是因为它可以展现网状层级（nested hierarchies）[3]。在我展示的例子中，每一个矩形的面积都随其所代表的国家人口多少等比例变化。所有矩形的面积总和与该大洲的人口总的关系同样符合这个比例关系。

树图有时候会作为一种更为常见的图表的替代形式出现，这种更为常见的图表也是基于面积的，它就是饼图。下面这幅饼图所使用的数据与上面的树图所使用的各大洲人口数据完全相同。

各大洲人口

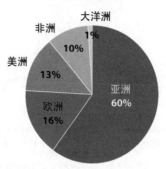

饼图中的每一块的面积都随其所示数据的大小等比例变化，每一块的角度也是如此（角度是另一种编码方式），每一块的弧线占圆周的比例亦然。它的原理如下：一个圆的圆周是 360 度。亚洲占了全世界总人口的 60%，360 度的 60% 是 216 度，因此亚洲饼块的两边夹角就应该是 216 度。

除了长度/高度、位置、面积和角度之外，还有很多其他的编码方式，其中颜色是最受欢迎的一种。这本书开篇就引用了一幅地图，这幅地图既使用了色相（color hue）进行编码，又采用了颜色深浅度（color shade）进行编码。色相（红色/灰色）用来代表在各郡县最终是哪一个候选方胜出，而颜色深浅度（浅色/深色）用来表示获胜方所获得的选票比例。

以下这两幅地图显示了各郡县中非洲裔美国人和西班牙裔美国人的比例，灰色越深，表示该县的非洲裔美国人或西班牙裔美国人的占比越大。

数据可视化陷阱

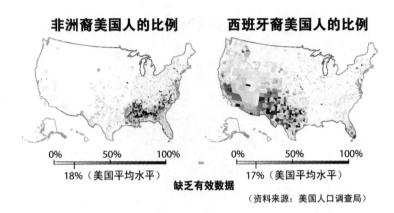

非洲裔美国人的比例　　**西班牙裔美国人的比例**

0%　　50%　　100%　　　0%　　50%　　100%

18%（美国平均水平）　　17%（美国平均水平）

缺乏有效数据

（资料来源：美国人口调查局）

　　颜色深浅度有时候能发挥很大的作用，特别是在一种被称为热图（heat map）的图表中。在下面这张热图中，红色的深浅度取决于全球气温与1951—1980年期间的平均气温相比，每年每个月的变化幅度（单位：摄氏度）：

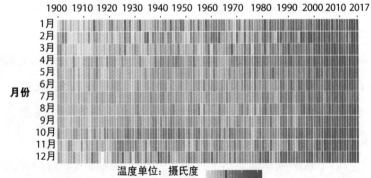

全球气温各月均值

年/月

1900 1910 1920 1930 1940 1950 1960 1970 1980 1990 2000 2010 2017

月份　1月 2月 3月 4月 5月 6月 7月 8月 9月 10月 11月 12月

温度单位：摄氏度

与1951—1980年平均值（0点）相比的变化幅度　-1　0　+1 +2

（资料来源：伯克利地球）

44

矩形中的每一列代表一年，每一行表示一个月。热图所展现出的等级并不像我们所看到的其他图表那么精确和细致，因为热图的目的并不是聚焦于细节，而是要展现总体的变化趋势：时间越趋近于近期，月度的气温越是偏高。

对于那些不太常见的数据来说，还有很多其他的编码方式。比如说，在下面这幅由 Lázaro Gamio 为 Axios 网站设计的图表中，他并不是通过改变形状的位置、长度、高度来编码数据，而是改变了形状的宽度或厚度。在图中，线条的宽度取决于特朗普总统在 2017 年 1 月 20 日至 2017 年 10 月 11 日之间通过社交媒体攻击过的个人或组织的次数[4]。

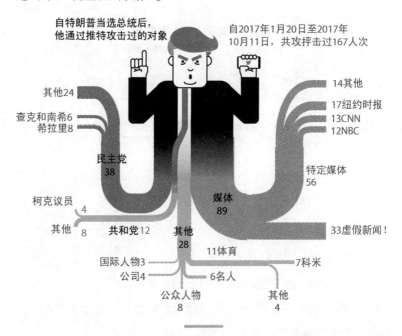

自特朗普当选总统后，
他通过推特攻击过的对象

自2017年1月20日至2017年
10月11日，共攻抨击过167人次

其他24

查克和南希6
希拉里8

14其他

17纽约时报
13CNN
12NBC

民主党
38

特定媒体
56

柯克议员
4

媒体
89

其他

共和党12

其他
28

33虚假新闻！

11体育

国际人物3

7科米

公司4

6名人

公众人物
8

其他
4

　　总结一下，大多数图表通过改变符号的属性来编码数据。所谓的符号包括线条、矩形或圆圈等。所谓的属性就是我们所学到的各种编码方式，包括：高度或长度、位置、大小或面积、角度、色相或颜色深浅度等。我们还了解到，一个图表可以把多种编码方式进行结合。

　　现在，让我来考考你。下图展示了西班牙和瑞典在 1950 至 2005 年间的生育率。生育率是指一个国家平均每名妇女所生育的子女数量。不难看出，从平均水平看，20 世纪 50 年代西班牙妇女比瑞典妇女生育的子女更多，但是情况在 20 世纪 80 年代出现了反转。请试着找出在这幅图表中哪些编码方式发挥了作用：

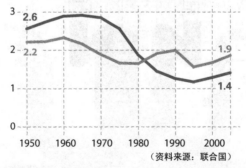

西班牙和瑞典的生育率
平均每名妇女一生中所生育的子女数量

（资料来源：联合国）

　　第一个编码方式是色相：通过不同的色相来区分两个国家，红色代表西班牙，灰色代表瑞典。

　　第二个编码方式是数量，即每名妇女生育孩子的数量，主要是通过位置进行编码的。线形图是通过在水平轴（本图中水平轴表示年度）和垂直轴上放置点来创建的，点在垂直轴上的位置取决于度量的量的大小。把点放置好之后再把它们连成线，就得到了线形图。如果我把连接点之间的线去掉，得到的仍然是一幅显示西班牙和瑞典的生育率变化的图表，只不过这幅点图看起来没有线图那么一目了然。

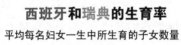

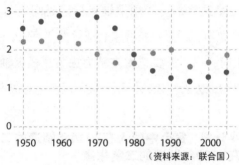

（资料来源：联合国）

在线形图中，线的斜率同样能够传递信息，因为当我们用线把这些点连起来之后，线条的斜率能够清晰地展现出变化趋势究竟是急剧还是平缓。

认知心理学家们写过一些关于我们如何阅读图表的文章，他们指出我们的先验知识和期望对图表的理解起到至关重要的作用。他们认为我们的大脑存储着理想的"心理模型"，我们会将看到的图表与这种"心理模型"进行比较。心理学家斯蒂芬·科斯林（Stephen Kosslyn）甚至提出了一个"恰当理解的原则"（principle of appropriate knowledge）[5]，如果我们把这个原则应用到图表上的话就意味着，若想在图表设计师（我）和图表阅读者（你）之间建立有效沟通，首先需要我们双方对图表持有相似的理解，需要我们对于图表的内涵、编码数据的方式以及用符号来表征数据的方式有共同的理解。这就是说，我们双方对于图表的心理模型基本一致，我们对某种特定图表的预期也是基本一致的。

　　心理模型能够帮我们节省很多时间和精力。假设你关于线形图的心理模型是这样的："用横轴来标绘时间（日、月、年），用纵轴来标绘数量，通过一条线来表征数据。"那么在面对下图所示这样的图表时，你不需要花太多精力去关注横纵轴的标签，也不需要花太多精力去看图表的标题，就可以快速对图表进行解码。

按照平均水平计算，每个中国人在2014年制造的二氧化碳高于每个瑞典人在1960年制造的二氧化碳。

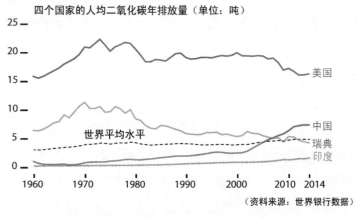

四个国家的人均二氧化碳年排放量（单位：吨）

（资料来源：世界银行数据）

　　不过，心理模型能帮我们省时省力，也能让我们误入歧途。关于线形图，我自己的心理模型比我上面的描述更宽泛、更灵活。如果说"横轴代表时间，纵轴表示幅度"就是你对线形图的唯一理解，那么你很可能会被下面这幅图搞糊涂：

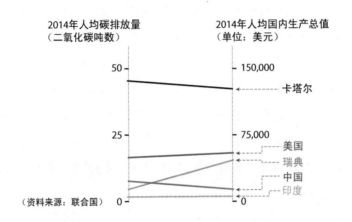

这种图表叫作平行坐标图。这种图表同样使用线条来表征数据，但它的横轴并不是用来表征时间的。如果你读一下坐标轴标头就会明白这里有两个独立的变量：人均碳排放量和以美元为单位的人均国内生产总值（GDP）。平行坐标图编码数据的方式和其他用线条来表征数据的图表的编码方式相同，都是通过位置和斜率进行编码：一个国家在两个坐标轴上的位置越高，表示该国的人均碳排放量更高或者该国的国民更富裕。

平行坐标图的作用是用来比较不同的变量并探究两个变量之间的关系。可以关注每一个国家，看代表该国的线段是向上的还是向下的。代表卡塔尔、美国和印度的线段基本上是平的，说明它们在一条坐标轴上的位置与在另一条坐标轴上的位置相对应（高碳排放与较富裕相关）。

现在来聚焦一下瑞典：瑞典人排放的人均污染相对较少，但他们的人均 GDP 几乎和美国一样高。接下来，比较一下中国和印度：这两个国家的人均 GDP 相对比较接近，但是两国的人均二氧化碳排放量的差距却比较大。为什么？我不清楚[6]。图表并不总能回答我们的问题，但是图表能帮助我们高效地猎取有趣事实，这些有趣的事实可能会激发你的好奇心，让你对数据提出更好的问题。

接下来，请迎接新的挑战。现在你已经读过本章这么多内容，你可能已经对散点图形成了一个比较成型的心理模型。下面这幅散点图应该相对比较简单，我在其中标注了几个我个人比较好奇的国家：

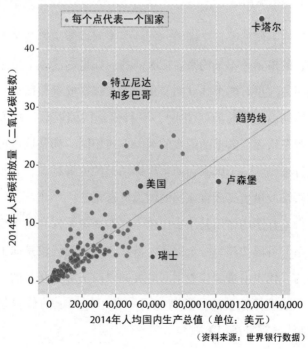

（资料来源：世界银行数据）

基于你对传统的散点图建立起来的心理模型，你会对上面这张图表形成一些预期，基于这些预期你会发现居民所在的国家越富裕，这些居民造成的污染就越严重。但是，如果我给你展示另一幅看起来像是线形图的散点图，你又会形成什么观点呢？

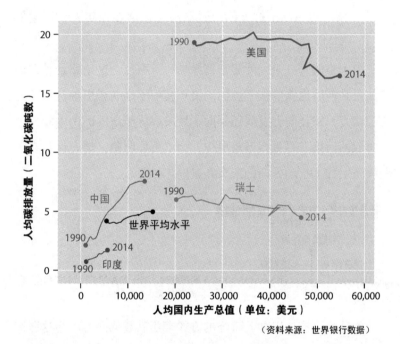

（资料来源：世界银行数据）

我知道你看到这幅图表可能觉得脑子都要炸了，甚至想把这本书顺着窗户扔出去。我承认，我第一次看到这幅图的时候同样非常困惑。这种图表通常被称为"连线散点图"，这个名字有点难懂，不妨这样来理解：

- 每条线代表一个国家。图中一共有四条代表国家的线条，另外还有一条代表世界平均水平的线条。

- 线条是通过连接一些点形成的，每个点对应某一年的数据。我把每条线上的首末两点强调出来，并给出了标注，也就是大家所看到的对应 1990 年和 2014 年的点。
- 每个点在横坐标上的位置取决于该国在当年的 GDP。
- 每个点在纵坐标上的位置取决于该国在当年人均产生的碳排放量。

图表中的每一条线看起来都像是一条路径：这条路径是向前延伸还是向后退缩取决于该国国民年复一年是变得更加贫穷还是更加富有；路径向上发展还是向下发展取决于该国国民一年比一年排放的污染变得更多还是更少。为了更加明确，请允许我在一些线条上加上指示方向的箭头和星标：

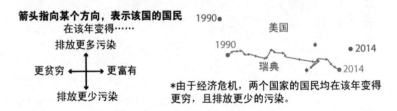

为什么会有人以如此奇怪的方式来绘制数据图？因为这张图表试图表明的是：财富的积累并不必然会导致污染的增加，至少在发达的经济体中是这样的。我所选定的两个发达国家——美国和瑞典，从 1990 年到 2014 年期间，国民的平均财富水平有了显著提升——代表 1990 年和 2014 年的两个点的水平距离非常远；但是他们的污染水平也在降低——这两个国家 1990 年的点的位置都比 2014 年的点的位置更高。

对于发展中国家来说，GDP 与污染的关系往往不尽相同，因为这些国家通常拥有大型的工业和农业生产部门，会造成更严重的污染。我选择的两个典型代表——中国和印度——国民都在1990 年到 2014 年期间变得更富裕——代表 2014 年的点比代表1990 年的点更靠右，与此同时它们的污染也更严重——代表2014 年的点比代表 1990 年的点要高得多。

你可能会认为如果要传递上述信息，更恰当的方式可能是使用成对的线形图来展现两个变量——二氧化碳排放量和人均GDP——的变化趋势对比（如下图所示）。我也赞同这个观点。

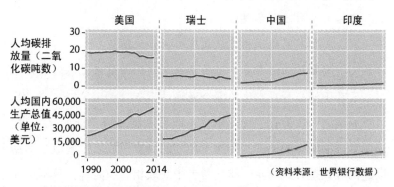

（资料来源：世界银行数据）

我在本章的开头就提醒过大家"图表并非是一种'一目了然'的存在"，图表不像人们所认为的那么"显而易见"，我之所以这么说，正是因为有一些像连线散点图这样的图表。想要正确解读这些图表——或者说想要对这些我们从未见过的图表类型创建一种恰当的心理模型——我们必须集中精力，而且不能想当然。图表是由以下元素组成的：语法、由各种符号形成的词汇（线条、圆圈、柱子）、视觉编码（长度、位置、面积、颜色等）、文本（注记图层）。这些元素使得图表具有很高的灵活性，相对于文字语言来讲，图表的灵活性有过之而无不及。

如果用文字语言来解释某件事，我们需要把词汇攒成句子，把句子聚成段落，用段落组成章节，以此类推。在一句话中，词汇应该以什么顺序出现取决于一系列语法规则，但是词汇的顺序会根据我们交流的内容变化，也会根据我们想要传递的感情而变化。以下是加夫列尔·加西亚·马尔克斯的代表作《百年孤独》的开篇：

多年以后，奥雷里亚诺上校站在行刑队面前，准会想起父亲带他去参观冰块的那个遥远的下午。

我用不同的语序可以表达出同样的信息：

奥雷里亚诺在多年以后站在行刑队面前时，想起了父亲带他去参观冰块的那个遥远的下午。

原文的行文带有一种音乐性，而后者则显得笨拙而又平庸。但两者遵循同样的规则，传达了相同的信息。如果慢慢地仔细品读这两种表达方式，我们能从两者中获取相同的内容，只不过前者能带给我们更多的愉悦感。图表与之相似：扫一眼图表，并不足以让你读懂图表——尽管你自认为可以；而且好的图表不仅信息量充足而且如同优美的句子一般自带优雅气息，有时候好的图表甚至是有趣而又令人惊叹的。

你不可能用一目十行的方式读懂那种冗长的、深奥的、复杂的句子，同理，那些信息丰富且颇具价值的图表通常需要你付出一定的努力来解读。好的图表不是说明文，而是一种视觉化的议论文，或者是论证的一部分。该如何追踪图表中的信息点呢？以下是《华盛顿邮报》数据记者大卫·拜勒（David Byler）绘制的图表，这幅图表虽然复杂但却颇具启发性。我在图中标注了一些红色的标签，你可以参考我标出的顺序。

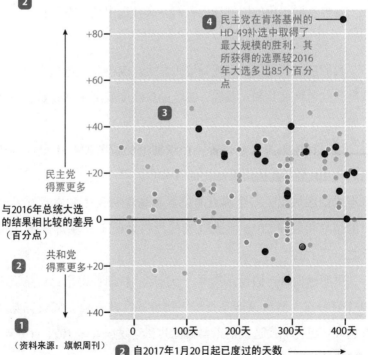

民主党正在赢得补选

自2017年1月就职日以来，民主党候选人在补选中取得了重大进展。在许多地区民主党获得的选票较2016年总统大选的结果有了大幅增长。

55

1. 标题，介绍（或文字说明）和来源

如果图表包含标题和描述，那么请从这里着眼。如果图表提到了资料来源，别忽视它（我会在第三章进一步探讨该问题）。

2. 度量、单位、坐标和图例

图表必须说明度量的对象是什么以及测量的方法。设计师既可以用文本也可用视觉化的方式进行说明。在这幅图里，纵坐标表示各次补选（special election）的结果与 2016 年美国总统大选的结果差异；横坐标表示自 2017 年 1 月 20 日总统就职日起的天数。各种不同颜色的图例告诉我们各次补选中是哪方获胜。

3. 视觉编码方式

我们已经找出了一种视觉编码方式：颜色。灰色代表民主党获胜，红色代表共和党获胜。颜色的深浅度取决于某党是否夺取了席位。

第二种编码方式是位置：在纵轴上的位置取决于该次补选结果与 2016 年大选结果相比的百分点差异。换言之，在高于 0 基准线的区域里，一个圆点的位置越高说明民主党在这次补选中的结果相较于 2016 年大选越优异；对低于 0 基准线的区域反之。

更明确地讲：假设在其中一个选区，特朗普得票比希拉里多 30 个百分点。然后该区举行了一次补选，没有独立或第三党派候选人。民主党候选人的得票数比共和党候选人多 10 个百分点。该区将位于图中的 +40 线（30 + 10）。

4. 阅读注记图层

有时候图表设计者会在图表上加注一些简短的说明来强调要点。在这幅图表中，你可以看到肯塔基州众议院49区被强调。特朗普在2016年以49个百分点的优势在该区获胜。在补选中民主党候选人以36个百分点获胜，因此实现了85个百分点的逆转（49 + 36）。

5. 纵观全局，发现趋势，寻找规律，探寻联系

一旦你破解了一幅复杂如斯的图表，搞懂了其中的各种奥秘，你就应该开始从"身在庐山中"向"一览众山小"过渡，纵观全局地考虑图表所揭示的规律、趋势和关系。当我们采用这种统揽全局的视角时，我们就不再聚焦在每一个符号——也就是本图中的圆圈，取而代之的是对符号所形成的群集的关注。以下是我观察到的一些事实：

- 自2017年1月20日之后，民主党从共和党手中夺取席位的次数远超共和党从民主党手中夺取席位的次数。实际上，共和党只从对方手中夺取过一个席位。

- 尽管双方出现过一些席位反转的情况，但是两党还是保住了大部分席位。

- 0基准线之上的点多于其下的点的数量。这就意味着自总统就职日起400天内，民主党相较于2016年大选结果而言取得了巨大进展。

我花了多长时间才得出上述结论呢？反正比你想象的耗时要

长得多。不过，这不代表这幅图在设计架构上有什么问题。

很多人在学校中学习的图表遵循"一目了然"原则，仿佛图表必须让人看一眼就能懂，但是通常这个原则并不现实。一些初级的图表或地图确实可以快速读懂，但是很多其他图表，特别是那些信息量巨大且富含深意的图表是需要我们花费时间和精力才能读懂的。如果这些复杂图表设计得足够好的话，我们为其付出的时间和精力将会为我们带来相应的回报。很多图表之所以不能实现"一目了然"是因为这些图表所讲述的故事没那么简单。但是，我们作为阅读者可以对图表设计者提出一个要求——在没有充分理由的情况下，不要让图表超越它应有的复杂度，变得更加难懂。

回到我在几页之前所做的那个关于图表和文字之间的类比：无论如何，你不能认为自己只读一下标题就能理解一整篇新闻报道，你也不能认定自己心不在焉地粗略浏览一下内容就能读懂一篇文章。想要提炼一篇文章的主旨，你需要先把文章从头到尾读一遍。图表也是如此。如果你想把读图的收益最大化，你需要深入挖掘而不能只是浮于表面。

———

现在我们已经学会了如何在符号和语法的层面上读懂图表，对我们来说防范和应对一些易错因素和误导性因素也变得更容易了一些。现在我们要向语义层面进发了，我们要学习如何正确理解图表。图表可能会骗人，因为：

- 它的设计很糟糕。

- 它用错了数据。
- 它展现的数据规模不恰当——数据量过大或过小。
- 它隐含或混淆了不确定性。
- 它暗示了一种误导性的规律。
- 它刻意迎合我们的预期或偏见。

如果说图表的核心就在于：在尽可能忠实于数据的基础上通过各种方式来编码数据，那么我要告诉你：打破这个核心原则将无一例外地导致视觉骗局，我想这个说法并不会令你惊讶吧。现在我们就来探讨这个问题。

第二章

陷阱之一：糟糕的设计

设计图表的时候可能会犯各种错误。比如：可能符号的大小跟数据本身不成比例；或者有可能度量的坐标没有体现出来；甚至可能由于缺乏深入的理解，导致对坐标的选择不符合我们想要表现的数据的本质。

既然我们已经学习了制图的核心原则，我们现在就来看看打破这些原则将会导致什么结果。

———

在政坛上，党派之争或许是不可避免的，但党派之争不应该成为卑劣行径的借口。2015 年 9 月 29 日，美国国会举行了对计划生育协会（Planned Parenthood）的前主席塞西尔·理查兹（Cecile Richards）的听证会。计划生育协会是一家美国的非营利机构，它面向社会提供生育健康关怀和性教育。由于该组织提供的服务中包含堕胎项目，保守的共和党人经常抨击该组织。

在与理查兹展开激烈论战时，犹他州共和党人杰森·查菲兹（Jason Chaffetz）展示了这样一张图表[1]。先不用费心去看图表中的数据；因为数据的展现采用了非常小的字体，原图就是这样的：

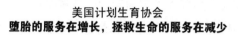

美国计划生育协会
堕胎的服务在增长，拯救生命的服务在减少

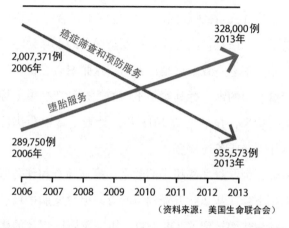

癌症筛查和预防服务

2,007,371例
2006年

328,000例
2013年

堕胎服务

289,750例
2006年

935,573例
2013年

2006　2007　2008　2009　2010　2011　2012　2013

（资料来源：美国生命联合会）

查菲兹要求理查兹看一下图表，并要求她给出解释。理查兹坐在离屏幕比较远的地方，所以并不能清晰地看到投影到屏幕上的图表。她斜视着屏幕，看上去一脸困惑。查菲兹接着说："灰色线展示了乳腺检查的下降，红色线展示了堕胎的增长。这就是你的机构干的好事。"

理查兹回答说，她不知道那张图表是从哪里来的，不过她补充道，"这张图表并不能反映计划生育协会的真实情况"。

查菲兹气炸了："你难道要否认自己的报告数据吗？我是直接从你的机构报告里拿到这些数据的！"

这话并不完全正确。理查兹指出："这个'图表'的来源实际上是美国生命联合会（Americans United for Life，简称 AUL），这是一个反堕胎组织，所以我还需要再确认一下你的数据来源。"
查菲兹结巴起来："我们……我们会弄清真相的。"

"事实的真相"是，图表上的数据确实出自于计划生育协会
的报告，但是 AUL 展现数据的形式造成了对数据的扭曲。这张
图表强调了一个信息：癌症筛查和预防服务的下降趋势与堕胎服
务的上升趋势基本一致。这是错误的。这张图表在说谎，因为它
对两个变量使用的纵坐标其实是不同的。这种变换纵坐标的伎俩
使得从图上看来，在最近的 2013 年，计划生育协会执行的堕胎
服务比癌症预防服务还要多。

现在你仔细看看那些超小的数字。癌症筛查和预防服务的确
出现了大幅下降，从 200 万降到 100 万。但是堕胎的增长仅仅是
从大概 290,000 增长到了 328,000。如果我们用正常的坐标系来
绘制这些数据，应该得到这样一幅图：

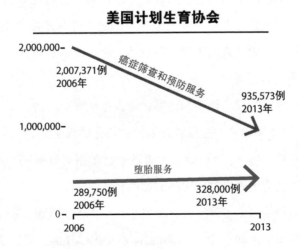

美国计划生育协会

2,000,000—
2,007,371例
2006年
癌症筛查和预防服务
935,573例
2013年
1,000,000—
堕胎服务
289,750例
2006年
328,000例
2013年
0—
2006
2013

政治真相新闻网（PolitiFact）是一个优秀的事实核查网站。该网站针对此事做了一些调查，他们想搞清楚原始的图表是怎么绘制出来的，而且他们还做了一些采访以解释计划生育协会提供的服务所出现的这些变化[2]：

> 各类服务的数量都会存在波动的趋势，究其原因多种多样，包括：法律的变化，医学操作的变化，以及计划生育协会诊所的新增和关闭。

问题不仅仅在于堕胎服务的增长是微乎其微的，更重要的是堕胎服务的数量自 2011 年起是呈下降趋势的。这怎么可能呢？如果原始图表的数据没错的话，看不出来下降趋势啊。原因在于，虽然原始图表在横坐标上标出了自 2006 至 2013 的所有年份，但是图上的线条只体现了 2006 年数据和 2013 年数据的对比关系，而忽略了期间那些年的变化。下面这幅图展示的是堕胎服务量逐年的变化情况，可以看出其数量在 2009 年和 2011 年出现了两个小高峰：

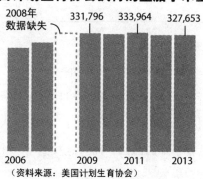

由计划生育协会执行的堕胎手术量

2008年数据缺失

331,796　333,964　327,653

2006　2009　2011　2013

（资料来源：美国计划生育协会）

所以说，美国生命联合会不仅对数据的展现进行了扭曲——这正是本章节的主题，而且它还隐藏了重要的信息——这个问题我们会在第四章来讨论。

数据科学家和设计师艾米丽·舒赫（Emily Schuch）收集了计划生育协会从 2006 年至 2013 年的年报数据——其中缺失 2008 年的数据，她的图表显示出计划生育协会这个机构除了癌症预防服务和堕胎手术以外还做了很多其他事情。该机构还提供孕期和生育关怀、性传播疾病的检测以及其他很多服务。在该机构的各类服务中，堕胎手术只占到一个很小的比例。舒赫的图表如下：

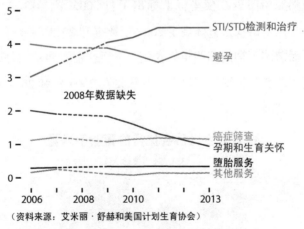

计划生育协会提供的服务（单位：百万）

（资料来源：艾米丽·舒赫和美国计划生育协会）

舒赫展示出自 2006 至 2013 年，STI/STD 服务（通过性行为传播的疾病检测和治疗）增长了 50%。她还深入研究了癌症筛查在同一时期显著下降的原因，而且她找到了一个可能的解释。

美国关于宫颈癌筛查频率的官方指导意见在 2012 年做出了

调整，但是美国妇产科医师协会早在 2009 年起就开始建议降低筛查频率。**以前，女性每年接受一次巴氏涂片宫颈癌筛查，但是现在的建议是每三年进行一次筛查即可。**[3]

虽然你是支持还是反对为计划生育协会募集公共资金的态度与本书的主题无关，但是从客观上讲舒赫的图表比 AUL 的图表更好，原因在于：舒赫的图表涵盖了所有相关数据，而且它没有为了促成某个议题而扭曲数据展现的形式。这就是用图表来向公众传递信息并推动诚实探讨与用图表进行草率的鼓吹和宣传的区别所在。

———

对于那些能够看懂图表也能够合理设计图表的人来说，视觉扭曲总能提供源源不断的笑料，但有时候视觉扭曲也很让人恼火。假设我想让公众知道我的公司比我的主要竞争对手更成功，我可以用一张图表来说明：

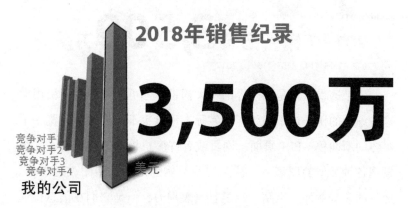

我的公司还占据了市场主导地位。看一下市场占有率就知道了！

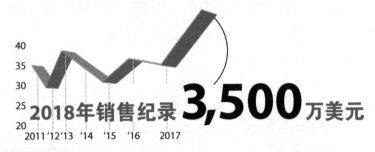

三维透视效果是图表界的一大祸害。你可能认为我所引用的这些虚构的例子过于夸张了，实际上一点也不。如果你浏览一下媒体的新闻稿、PPT 页面、网页或者许多机构的工作报告，你会发现各种类似的图表——甚至比我举例列出的这些图表还恐怖。那些图表华丽而又吸睛，炫酷且具表现力，但是它们在信息传递这方面可以说是一败涂地。

想想看，我所宣称的公司在市场中占据主导地位以及销售额的飞跃这些信息是否有价值。这很难，对吧？我通过选择一种有利的视角，夸大了我的成功（顺便提一句，如果这些图表是交互式的，或者可以通过虚拟现实设备来看这些图表，那么结论就不同了；因为如果那样的话，看图的人可以围着三维图表绕着圈地看，可以实现以二维的模式观察三维图表的效果）。

有些人认为 3D 效果很好，因为你可以在自己想要强调的那个柱子、折线或者饼图上增加你想强调的数字。但问题是，设计这种图表的出发点是什么？一个好的图表应该能帮助你在不必阅读所有数字的前提下，将趋势和规律以视觉化的形式呈现出来。

如果我去掉 3D 视图的夸张视角，每个柱子的高度将与数据成正比，饼图的面积和线形图的高度也是如此。你瞬间就会清晰地发现，竞争对手 1 比我自己的公司还要更成功一点，而且我的公司 2018 年的销售业绩比 2013 年还要低一些。

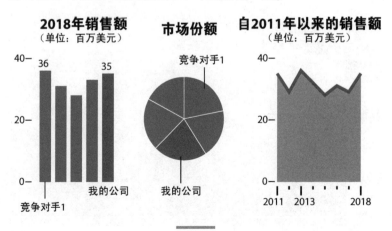

所以说，肆意地摆布标度和比例通常会导致图表展现的歪曲。2015 年 12 月，奥巴马白宫推特账号发文说，"好消息：美国高中毕业率创历史新高"，并配了下面这张图[4]：

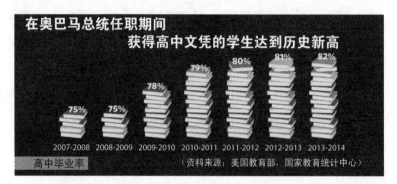

图表的设计——它的标度和编码方式——应该取决于数据的本质。在高中毕业率这个案例中，数据的本质是以年度为周期计算的百分率，编码方式是高度。基于此，最优方式是让柱子的高度与数据成正比，实现的方式就是把基线设为 0%，把上线设为 100%：

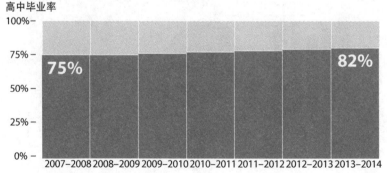

通过这样操作柱子的高度会与数据成正比，同时通过加大初始和最终毕业率数据的字体，它延续了原始图表的一个要点：强调高中毕业率提升 7 个百分点是一个好消息。

白宫的图表是有问题的，因为它对纵坐标（y）和横坐标（x）都做了截取。正如新闻网站 Quartz 所指出的，根据美国教育部提供的数据，这幅图表的作者将 x 轴的起点设为 2007—2008 学年的这一做法隐藏了一个重要的事实，那就是美国高中毕业率自 20 世纪 90 年代中期开始就在不断攀升，而不是只出现在奥巴马任职期间[5]：

各位美国总统任职期间的高中毕业率

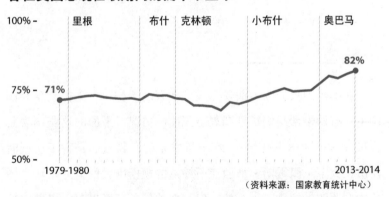

（资料来源：国家教育统计中心）

你可能会好奇为什么我没有把这幅图的基线设为零，主要是因为我通常会建议在编码方式是高度或长度的情况下将基线设为 0。如果编码的方式有所变化，那么基线并不一定总得是 0。在本章节后续的内容中，我会就基线的选择进行更深入的探讨。

线形图的编码方式是位置和角度，因此当我们把基线调至更接近初始数据的水平时并不会对图形形成扭曲。下面两幅图中的折线看起来完全一样，两幅图都没有骗人。唯一的区别在于对下面的基线的强调。左图强调了基线，因为基线是 0。右图的基线看起来跟其他的网格线没有区别，因为我希望表明这条线确实不代表 0。

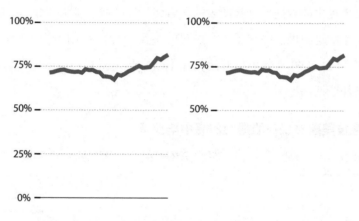

在解码图表的内容前要先关注图表的架构——坐标刻度和图例——有助于帮我们辨别图表被歪曲的情况。下面的这张图表是西班牙城市阿尔科孔市在 2014 年发布的，其目的是为了庆祝时任市长大卫·佩雷斯·加西亚所缔造的规模巨大的就业市场。图的左右两侧就像是互为镜像一般：在前任市长恩里克·卡斯卡拉那·加拉斯泰吉就职期间失业率陡增，在现任市长佩雷斯·加西亚就任期间，失业率下降的速率几乎与之前陡增速度一致。这幅图乍看起来确实是这么回事儿，直到你读到那些小小的数据标签时才会发现情况并不是这样。

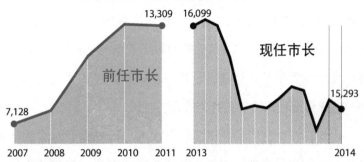

阿尔科孔市的无业成年人口

这幅图的难点在于其横纵坐标都有问题。左半边的图形展示的是年度数据，而右半边的图形展示的是月度数据。如果我们把两边的线条放在相同的横纵坐标上，失业率的下降看上去仍然令人感到振奋，但是跟原图相比，这种下降显然没有那么震撼。

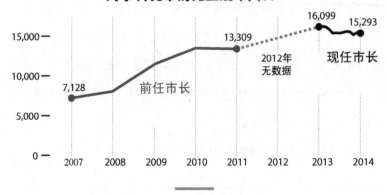

阿尔科孔市的无业成年人口

你可能认为改变图表的比例或者使用不一致的尺度——不管是有意的还是无意的——都无伤大雅。毕竟，正如我从一些图表设计者的口中所听到的："每个人都应该看标签和坐标刻度，只要他们看了，他们就可以在头脑中对图表进行还原。"没错，我同意我们需要注意看标签，但是为什么要肆意改变比例和坐标呢？这样做会让读图的人有苦难言。

此外，在面对形状被扭曲的图表时，即便我们对它的架构足够关注，即便我们努力在自己的头脑中对比例的视觉化进行矫正，图表仍然可能在无意识的层面上使我们的感知产生偏差。

纽约大学的一组研究人员为一系列图表制作了两个不同的版本，这系列图表描述了一个虚构的变量：在两个虚构城镇——柳树镇和森林镇——中，饮用水的易得情况[6]。版本一中的每幅图表都对数据进行了准确的描绘，而且没有对坐标或比例进行歪曲。版本二则对坐标和比例进行了歪曲：在使用柱状图时对纵轴进行了截取，在使用气泡图的时候面积没有和数字成正比，在使用线形图的时候有意选择了一种长宽比例以使变化的视觉展现最小化。

以下是三对正确与错误图表的对比：

正确版

可以获取安全饮用水的人口占比

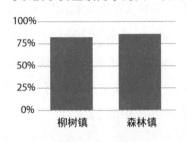

错误版

可以获取安全饮用水的人口占比

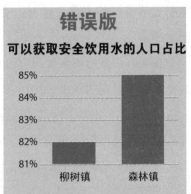

可以获取安全饮用水的人口占比

可以获取安全饮用水的人口占比

少数族群获取安全饮用水的情况

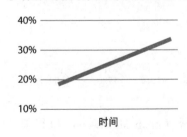

少数族群获取安全饮用水的情况

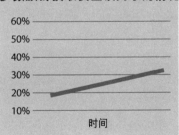

　　研究人员让几组被试对图表中的对象进行比较——"第二个数是略大于第一个数，还是远大于第一个数？"——结果表明，即便人们可以看到坐标上的刻度标签，也可以看到图上的

数字，人们仍然会被误导。一些教育程度更高的、习惯于看这种图表的被试的表现会稍好一点，但是即便如此这些人还是会产生误解。

在学者们做这类实验研究之前，有些人早已对利用图表行骗的技术有了直观的认识。2015 年 12 月，《国家评论》杂志（*National Review*）引用了博客 Power Line 的题为"关于气候变化，你只需要看这张图"的文章[7]。我为《国家评论》感到遗憾，因为在我看来，他们被 Power Line 的这幅图表给坑了：

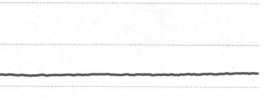

全球年平均温度（华氏度）

数据分析师肖恩·麦克尔威（Sean McElwee）和其他一些人都在社交媒体上拿这张图表开过玩笑。麦克尔威在推特上写道："看来也用不着为国债担心了！"并附上了下面这幅图[8]：

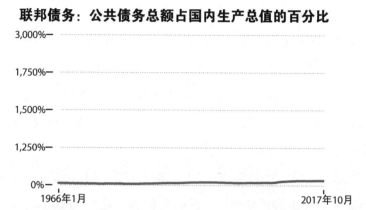

联邦债务：公共债务总额占国内生产总值的百分比

2017 年 10 月，美国债务占国内生产总值的百分比达到了103％，我曾经为此而担忧。这张图似乎在告诉我，我的焦虑是被夸大的。我们离 3,000％ 还远着呢……

纽约城市大学可持续城市研究所的研究员理查德·赖斯（Richard Reiss）在原图上添加了一些调侃性的注释，以此来告诉大家这幅图对坐标尺度的选择简直错到离谱：

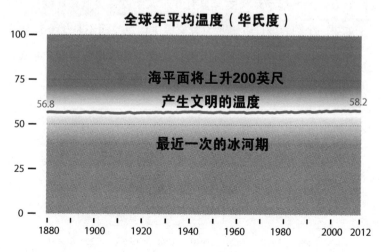

赖斯的调侃饱含智慧。这条线的起点和终点的数值差是1.4华氏度，大约相当于0.8摄氏度。虽然这个数值的绝对值听上去很小，但是这一变化实际上是非常显著的。在小冰河期——15世纪到19世纪期间，北半球的平均气温大概比20世纪末的温度低1华氏度[9]，由于严寒引发了饥荒和流行病，不夸张地说，这1华氏度的后果很严重。

如果在未来的50年内，全球气温升高2～3华氏度——这完全是一个现实的预估值——其后果将有过之而无不及。Power Line这幅图的上限堪称荒谬，如果温度达到100华氏度，那么地球将变成灼热的炼狱。

Power Line的设计者的荒谬之处不仅体现在图表的上限，还体现在图表的基线。其把基线设为0实在是太可笑了，原因不一一赘述了，只说一个最主要的原因——无论是华氏温度计还是摄氏温度计的最低温度都不是0度（只有开尔文温度计会低到0度）。

如果一个图表设计者想要为大家提供信息，而不是想要误导大家，那么应该考虑到上述所有因素，选择合理的坐标尺度和基线：

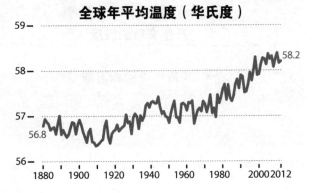

全球年平均温度（华氏度）

你可能听过一些人说"所有的图表都应该从零开始"。达莱尔·哈夫（Darrell Huff）在 1954 年出版的《统计数字会撒谎》（*How to Lie with Statistics*）一书是推广这一观念的原动力之一。我希望上述这个例子能让你不再被这个观念绑架。哈夫这本书虽然年代久远，但其中囊括了许多很棒的建议，不过图表应该从零开始这个建议是个例外。

图表设计和写作一样，既是一门科学也是一门艺术。这里并不存在太多不可动摇的规则；相反，这里的大部分原则和指导意见都是具有灵活性的，而且有无数的例外和额外的注意事项。作为看图的人，我们是否该要求所有图表都从零开始呢？嗯，这要取决于信息的性质，取决于图表可用的空间，当然还取决于数据编码的方式。

有时，这些需要考虑的因素会相互冲突。这里有一个图表，它展示的是全球平均预期寿命（以出生年代为基准）。这幅图看起来并不宏大，是吧？

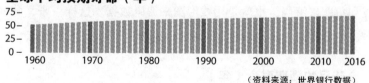

这张图带给我两个挑战：我可以利用的空间又长又窄，而且我选择通过高度（柱状图）来编码我的数据。

这两个因素共同导致的结果就是：图表把一个原本非常明显

的变化趋势展现得比较平缓——1960 年全球的平均预期寿命只有 53 年，而到 2016 年时这个数字提高到了 72，涨幅高达 35%。但是这幅图并没能突出这一点，因为柱状图的基线应该是 0，只有这样才能让柱子的高度和数据成正比，而且受限于该图的长宽比，柱子也没那么高。

图表设计从来没有完美的解决方案，但是如果我们能够对数据进行深究，我们或许可以找到合理的折中方案。该图所展现的是一系列预期寿命数据，该数据取自世界各国的平均预期寿命，这个数据的基线有可能是 0，当然存在这种可能性，但是这种可能性并不合逻辑。因为如果有哪个国家的预期寿命是 0，那就意味着该国出生的所有婴儿都会在离开母亲子宫后立刻死亡。

因此，如果把基线定为 0——对于柱状图来说这是一种建议的操作——在我们这个特定的案例中会导致图形的呈现效果有待商榷。这就是我在前面提到过的冲突点：编码方式（高度）要求我这样做，但是数据本身的内在逻辑又告诉我不应该这么做。

于是我选择的折中办法就是放弃高度这种编码方式，改用位置和角度来编码，也就是用线形图来编码数据。这样一来，我就可以把基线设在一个更贴近初始数据的水平上，如下图所示：

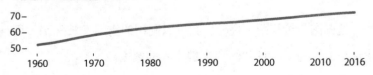

全球平均预期寿命（年）

　　长宽比——图表宽度与高度的比例关系——并不理想，但是地球并不围着我们转，条件也不可能总是如我们所愿，现实就是我可以用来展示图片的空间是一个细长的空间。记者和图表设计者时常要面对空间的限制，而我们作为看图的人所能提出的要求就是希望他们在权衡各种选择的时候能够秉持诚实的原则。

　　然而，如果设计者没有受到可用空间的限制，我们可以要求他们不要做以下这些事：

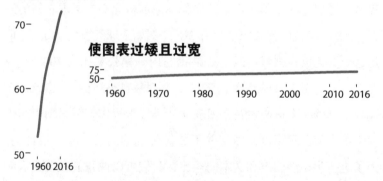

　　他们应该为图表找到一个恰当的长宽比，使得图表既不会夸大也不会弱化变化趋势。如何才能实现？我们想展现的是35%的增长，也就是35/100，或者1/3（宽度和高度之比应该为3∶1）。我可以把图表的比例大致定为：宽度是线形图至高点高度的三倍。按照该比例绘制的图表如下所示：

全球平均预期寿命（年）

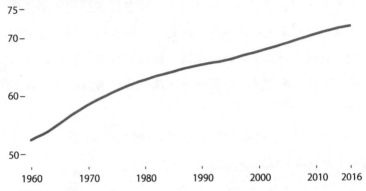

有一个重要的提示：这不是图表设计的通用规则。回忆一下我之前提到过的"不要把数字当作抽象的概念而要考虑它们的意义"。有时候虽然增长幅度只有2%（例如全球气温的例子），但是这个变化堪称剧烈；但是如果我们用一幅长宽比为100：2或者50：1的图表来描绘这个变化，可能将难以察觉这一趋势。

本书的一个核心主题是图表设计类似于写作。解码图表与阅读文本类似，只不过看图表并不总像传统的阅读一样是线性的。为了进一步拓展图表和文本的类比，我们可以说我们在前面看到的"过高过窄"的图表是一种夸大其词，而那幅"过矮过宽"的图表是一种轻描淡写。

正如写作一样，在图表中某种设计究竟算是夸大其词，还是算轻描淡写，抑或是两个极端之间的一种合理的选择，都是值得探讨的。与写作一样，图表设计中的规则都不是绝对的，但是这些规则也没有那么随便。如果我们能够把从第一章中所学的基本语法原则加以充分利用，并且对我们所处理的数据深挖其意义，那么我们可以找到恰如其分的折中方案——但是肯定不是完美的方案。

———

有些图表的比例看上去有问题但实际上并没有。以下面的这幅图表为例，先不要看它的坐标数字，就先聚焦在图中这些圆圈上，每个圆圈代表一个国家。这幅图表展现了各个国家的预期寿命（体现为在纵轴上的位置）和该国的人均国内生产总值（体现为在横轴上的位置）：

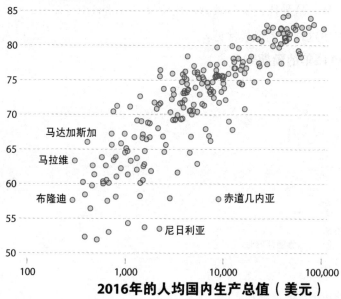

2016年的预期寿命

（资料来源：世界银行数据）

接下来，注意看坐标轴的刻度标签。你是否注意到横坐标的刻度看上去很诡异？它的刻度不是等差数列（如：1,000；2,000；3,000），而是等比数列（100；1,000；10,000；100,000）。这种坐标轴的比例尺叫作对数比例尺（logarithmic scale）——或者，更精确地说是以10为底数的对数比例尺（底数可以是其他的数字）。

"这张图表是骗人的!"你可能会一边喊着一边攥紧拳头在空中挥舞着。我会说，先别急着下结论。我们来考虑一下数据背后的逻辑以及这张图表想要展现什么。（提示：我选择这种比例尺的原因与我所强调的国家有关。）

让我们来看看，如果把数据放在一个水平坐标等距的标尺上会怎样。这种比例尺叫做算术比例尺（arithmetic scale），在各种图表中这种比例尺最常见：

2016年的预期寿命

我在第一个版本的图表中标记了几个非洲国家。你可以试着在第二个版本的图表中找找看它们在哪里。你可能找得到赤道几内亚，因为它蛮特殊的：相比于其他预期寿命相似的国家，它的人均 GDP 要高得多。但是我比较感兴趣的几个国家，也就是我在我的第一张图表中强调出来的国家——尼日利亚、马拉维、马达加斯加、布隆迪——的人均 GDP 很低，以至于这几个国家的预期寿命和其他低收入低预期寿命的国家都连在了一起，在图表上形成了一条纵向的线。

我们得先仔细阅读图表，否则不应该盲目地相信图表；同理，在理解图表的设计目的之前，我们不应该急于批判一张图表是骗人的。回想一下本书开篇的例子——那张显示了总统选举结果的县级地图。如果我们的目标是展示投票的地域性规律，那么那张图表的设计是没问题的，它没有骗人。然而，如果我们想用那张图表来展示为竞选双方投票的人数，那么它完全不能胜任。

在充分考量图表的目的之前，我刚才展示的两幅散点图都不能被称为谎言。如果我们的目标是展示人均 GDP 和预期寿命之间的关系，那么第二幅图可能更适合一些。它展现出了一个倒 L 形的关系模式——很多人均 GDP 较低的国家在预期寿命这个变量上的差异性很大（倒 L 形曲线的纵向线条）；而那些比较富裕的国家在预期寿命这个变量上的变异性比较小，但是在人均 GDP 这个变量上的变异性却很大（倒 L 形曲线的横向线条）：

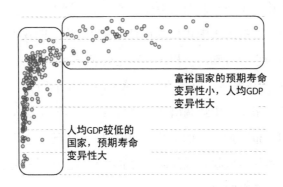

富裕国家的预期寿命
变异性小，人均GDP
变异性大

人均GDP较低的
国家，预期寿命
变异性大

但是第一个版本图表的目的并不是要展示两个变量间的关系。我想要强调的是：一些人均 GDP 相对较高的非洲国家的预期寿命仍然很短——赤道几内亚和尼日利亚；而与此形成对比的是，一些很贫穷的非洲国家的预期寿命却相对比较长——如马拉维、布隆迪，特别是马达加斯加。如果我用算术比例尺来作图，那么上述的多数国家甚至都无法被识别出来。

对数比例尺听起来很复杂，但你可能对一些典型的例子并不陌生。用来衡量地震强度的里氏震级就是一种底数为 10 的对数比例尺。也就是说，里氏震级为 2 级的地震震波波幅并不是 1 级的两倍，而是 10 倍。

对数比例尺也被用来描绘指数增长。想象一下，假设我家后院有四只沙鼠，两只雄沙鼠和两只雌沙鼠，而且它们会交配，每对沙鼠配偶生下四只小沙鼠，小沙鼠也会交配，每对可爱的啮齿配偶生下四只宝宝，以此类推。

我可以用这样一幅图表展现出沙鼠数量的增长：

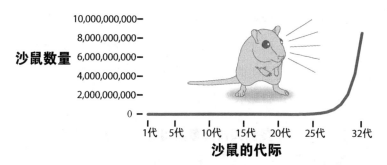

如果我要根据这张图表来决定买多少鼠粮，我会认为在第25代沙鼠诞生之前我的投入都不会有多少变化。因为第25代之前的曲线基本上是平的。

但是有一个重要的信息被这张图表所隐藏了，那就是每增加一代，沙鼠的数量就会翻一番，所以我买的鼠粮也要翻番。这种情况下使用底数为2的对数比例尺更恰当——每一增量是前一数量的两倍，原因在于我对变化的速度更感兴趣，而不太在意变化的绝对值。如果沙鼠繁衍到第32代，我后院的沙鼠将比人类的总量还多，所以为了防止这种情况发生，我可能得做一些节育措施。

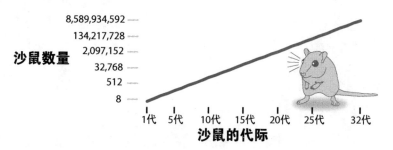

　　许多图表具有欺骗性的原因不在于它们使用的是算术比例尺还是对数比例尺，而在于编码数据的目的本身就是想要截取数据或者用奇怪的方式来扭曲数据。我见过许多图表对坐标轴进行切割，或者对符号进行截取，例如下图：

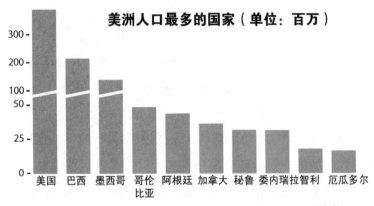

（资料来源：世界银行数据）

　　这张图表具有欺骗性的原因在于它的纵轴刻度间隔不均匀，且前三个柱子被截断了。真实的比例应该是这样的：

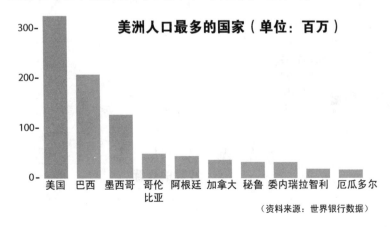

（资料来源：世界银行数据）

不过，正确的图表也有其不足之处。比如，我们可能会抱怨，在正确的图表上很难判断那些小国在人口规模上究竟有多大差异。作为看图的人，我们可以要求设计师不要只展示一幅图表，而是展示两幅图：用一幅图展示所有国家在同一比例尺下的人口情况，用另一幅图放大人口较少的国家。通过这种方式能够实现所有的目标，而且能够保全比例尺的一致性。

————

所有地图都是骗人的，制图师马克·蒙莫尼尔在他的权威著作《会说谎的地图》中如是说。这句名言可以被扩展到各种类型的图表——当然了，谎言和谎言也不尽相同。之所以说所有地图都是骗人的，是因为绘制地图的原理是将球面——即地球——投射到平面上。投射的方法决定了所有的地图都会扭曲一些地理特征，比如说某一地区的面积大小或其形状。

以上展示的是墨卡托投影（Mercator projection），这个名字来源于在 16 世纪发明这一方法的那个人。这种投影方式会让远离赤道的地区的面积远大于其实际情况——例如，格陵兰岛的面积实际上并没有南美洲大；虽然阿拉斯加看上去很大，但它实际上并没有那么大。不过这种投影方法保留了陆地的形状。

另一种投影方式叫作兰伯特圆柱形等面积投影（Lambert's Cylindrical Equal Area），它为了使陆地面积与真实情况成正比而牺牲了陆地的形状精准性，如下图所示。

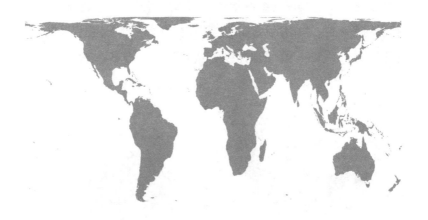

下面这种投影叫做罗宾森（Robinson's）投影，它既没能保证形状精准，也不能反映真实的面积。但是，它适当牺牲了两者来达到一种更符合视觉舒适度的平衡，至少比兰伯特投影看上去更舒服。

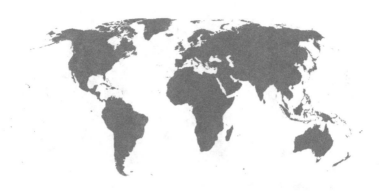

对基于诚实原则设计出来的图表而言，并不存在非黑即白的好坏之分，地图投影也是一样。根据不同地图的不同目的，我们只能说哪种投影相对更好一些，哪种投影不尽如人意。如果你想在你孩子的房间里挂一张世界地图，那么罗宾森投影比墨卡托和兰伯特投影更有教育意义。但是如果你的目的是用地图作为航海工具，墨卡托投影更合适——毕竟墨卡托投影设计的初衷就是为航海服务。[10]

虽然所有的地图投影都是骗人的，但我们知道它们都没有恶意，只能说任何图表都是一种关于现实的有限且不完美的展现形式，图表并不等于现实本身。所有图表都难以突破这种局限性。

当然了，地图会骗人不一定仅仅是因为其局限性，也可能是由于糟糕的设计、不良的意图或者其他原因。举个例子，通过在颜色标度上要点花招，我可以证明贫困在美国是一个非常地域性的问题：

（资料来源：美国人口普查署）

也可以说贫困是一个无处不在的巨大挑战：

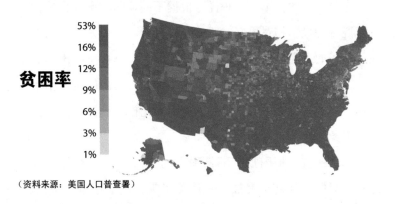

（资料来源：美国人口普查署）

　　这两张地图会使你的感知产生偏差，因为我在色块（或者说是色区）的选择上是花了心思的，我刻意制造了一种轻描淡写（第一张地图）或夸大其词（第二张地图）的感觉。第二张地图的颜色标度是有问题的：贫困率在 16%～53% 的郡县都用到了最深的颜色。美国有一半的郡县的贫困率都在这个区间范围内，另一半的贫困率在 1%～16%。这就是为什么这幅地图看上去红得吓人。

更合理的比例应该是让全国各郡县平均分布在几个色区之间。全美共有大约 3,000 个郡县，在下面这幅地图上，一共有 6 种颜色，每种颜色大概包含 500 个郡县（3000 个郡县除以 6 个色区等于每个色区 500 个郡县）：

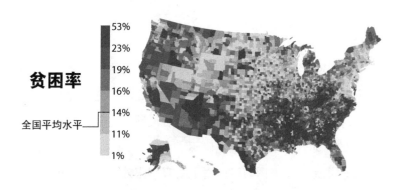

但是等一下！假设这幅地图的标题是"贫困率高于 25% 的县"，那么我的第一张地图更合适，因为那张地图强调的是贫困率高于 25% 和 40% 的县。由此可见，图表设计取决于被展示数据的性质，也取决于我们想从数据中提炼出的观点。

图表的质量取决于数据编码的精准度以及它是否采用了恰当的比例，但是在此之前要考虑的是数据本身的可靠性。在看图表时应该首先关注的一个要点是它的来源。数据从何而来？这个来源可信吗？我们如何把握这些展示给我们的信息的质量？下一章我们将要聊聊这个话题。

第三章

陷阱之二：展现不可靠的数据

"输入垃圾，输出必为垃圾"是我最喜欢的俗语之一。这句话在计算机科学家、逻辑学家和统计学家之间广泛流传。本质上讲，一个论点可能听上去扎实可靠且有说服力，但是如果它的前提是错的，那么这个论点就正确不了。

图表也是如此。图表可能看上去吸引眼球、发人深思甚至出人意料，但是如果它所编码的数据是错的，那么它也无非就是一张说谎的图表。

首先，让我们来一起了解如何在"垃圾"被输入之前发现这些"垃圾"。

———

如果你对图表感兴趣，那么社交媒体会是一个给你带来无尽惊喜的源泉。不久前，数学家兼制图师雅库布·马里安（Jakub Marian）发布了一幅地图，图上显示了欧洲重金属乐队的密度。以下是我自己的版本，我突出了两个国家——芬兰以及我的出生地西班牙。

作为一名金属乐粉丝，我喜欢许多硬摇滚和（非极端）金属乐队，我很喜欢这幅地图，并通过我在推特和脸书上的联系人转发了这幅地图。我一直认为很多金属乐队来自于北方国度，芬兰堪称世界金属之都，这张地图帮我验证了这一猜想。

但是后来我又想了想，我自问道：这幅地图的来源可信吗？信息源对所谓的"金属"究竟是怎么定义的？我觉得产生这些疑虑是难免的，毕竟本书的中心思想之一就是：那些符合我们根深蒂固的信念的图表对我们产生误导的可能性最高。

看图表时，首先要看的是图表的作者（们）是否澄清了数据来源。如果没有，那就是一个危险信号。下面这句话阐明了用来判断媒体资质的一条通用规则：

不要相信任何没有明确说明故事来源或没有给出引用链接的

发表物。

所幸的是，雅库布·马里安有良好的澄清意识，他说明了数据的来源是一个名为"金属大百科"（Encyclopaedia Metallum）的网站。我访问了该网站，以了解其数据集是否只涵盖了重金属乐队。

换句话说，在核实来源的时候，我们必须评估统计的对象到底是什么。这个来源究竟是只计算了"金属"乐队，还是把什么别的风格的乐队也算进来了？为了进一步验证，让我们从那些你最容易想到的典型的金属乐队开始，一提到金属乐我们就会想到一些特定的价值观、美学和风格，而这些东西在公认的金属乐队身上体现得淋漓尽致。如果说金属大百科网站上的乐队与这种"理想型"金属乐队大同小异——也就是说其相同点多于不同点，那么这个网站大概率只包含了金属乐队。

来吧，想一个乐队。

我敢打赌，你想到的一定是 Metallica、Black Sabbath、Motörhead、Iron Maiden 或者 Slayer 乐队。那些乐队的确很金属。不过，尽管我来自欧洲而且成长于 20 世纪 80 年代，我想到的却是 Judas Priest 乐队。

Judas Priest 乐队拥有所有金属乐队该有的金属气质。我认为他们是最金属的金属乐队，因为你能从这个乐队身上找到你用来定义金属的全部特征。最明显的是他们的着装、态度和视觉造型：长发（那个名叫罗伯·哈尔福德的人是个例外，谁让他是个秃头呢），紧身皮衣，黑色裤子和夹克，浑身满是闪亮的钉子，愤怒的表情和挑衅的姿势。

表演和音乐方面有什么特点呢？这方面，他们也堪称纯粹的金属。你可以搜索一些 Judas Priest 乐队的视频剪辑，诸如"Firepower"、"Ram It Down"、"Painkiller"或"Hell Bent for Leather"，你一定会注意到那些没完没了的吉他扫弦和独奏、震耳欲聋的鼓声、甩头——乐队成员一起同步甩头金属感爆棚，以及主唱哈尔福德的那女妖般的声线。

如果金属大百科网站中的乐队与 Judas Priest 乐队大同小异，那么我可以认为这个信息源确实只囊括了金属乐队。然而，我对金属乐的学术文献（没错，确实有这种不可思议的文献）和历史算得上精通，而且我对维基百科上的各种关于金属体裁的条目也不陌生，我看到过很多其他类型的乐队被打上"金属"的标签。

比如一个星光四射的摇滚乐队，叫作"毒药"，在我的青少年时期这支乐队曾经红极一时。有些信息源——包括维基百科——把他们归为"金属"乐队，但是这太扯了，不是吗？我还见过一些旋律优美的摇滚乐队，比如 Journey 乐队和 Foreigner 乐队被某些杂志称为"重金属"乐队。Journey 乐队和 Foreigner 乐队都是很棒的乐队，但是他们称得上是"金属乐队"吗？我难以苟同。

反正，我花了几分钟时间浏览了金属大百科的数据库，我在这里没有找到类似于 Journey 这些乐队的名字。我扫了一下网站上列出的数以万计的乐队名称，在我看来这些队名都够金属的，至少乍看之下如此。虽然我没有对消息来源进行彻头彻尾的核实，但是至少我确定它看上去还算靠谱，而且没有犯低级错误。

我觉得把这样的地图发给朋友和同事们问题不大。

———

读图时，核实数据收集的对象及其方法是至关重要的一环。我的研究生路易斯·梅尔加，现在是在华盛顿特区工作的一名记者。他做了一项名为"没有屋顶的学校"的调查，关注的是在佛罗里达州入学的无家可归的孩子们的故事。这些流浪儿童的数量从 2005 年的 29,545 名增加到 2014 年的 71,446 名。在佛罗里达的部分郡县，超过 1/5 的学生无家可归：

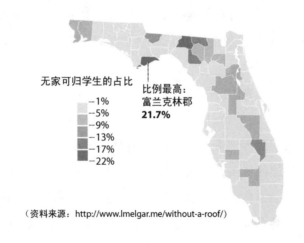

（资料来源：http://www.lmelgar.me/without-a-roof/）

我看到这个结论很震惊。这是否意味着有如此多的学生露宿街头？至少，我对"无家可归"一词是这么理解的，不过这与现实相去甚远。在路易斯的故事里，佛罗里达的公共教育体系对

"无家可归"的定义如下——如果学生缺乏"固定的、正常的、可以保证充足的夜间住宿时间的住所"，或者学生"由于失去房屋"或"经济困难"而与非近亲合住，则将其定义为无家可归。

这么看来，这些学生中的大多数并不会露宿街头，但他们也没有一个稳定的家。经过这番解释，现在的情况听起来没有那么吓人了，但是路易斯的调查显示事实仍然不乐观：这些学生缺少一个固定的住处，频繁地从一个住处搬到另一个住处，大大影响了学习成绩，并且导致行为问题的出现，此外还可能产生长期的负面影响。现在至关重要的是探讨如何解决无家可归的问题，但要想进行这一讨论，我们需要先确切地了解针对该问题绘制的这幅地图究竟衡量的是什么。

互联网和社交媒体是产生信息、寻找信息和传播信息的有力途径。我的社交媒体上充斥着由记者、统计学家、科学家、图表设计师和政客们撰写的各种新闻和评论，这些人有些是我的朋友，有些是陌生人。我们所有人接触的无穷无尽的标题、照片和视频都具有很高的相似性。

我喜欢社交媒体。如果没有社交媒体，我会错过许多设计师的图表以及许多作家的文章。多亏了社交媒体，我可以关注很多信息源，他们能提供或好或坏的各种图表。举个例子，FloorCharts 这个推特账号专门收集国会议员展示过的各种诡异的视觉化数据资料。下面这张图是怀俄明州议员约翰·巴拉索（John Barrasso）展示的一幅数据图，该图混淆了变化的百分比和变化的百

分点：从 39% 涨到 89%，其增长率不是 50%，是 128%，50%
是增长点。

然而，社交媒体也有其阴暗面。社交媒体的第一要义是分
享，而且要快速分享，什么能吸引眼球就分享什么，但不会为此
花太多心思。这恰恰是我随意地分享了那幅金属乐队地图的原因
所在。那幅地图与我已有的喜好和信念产生了共鸣，所以我没有
三思而后行，我快速转发了它。这让我感到羞愧，所以我撤回了
转发，在核实了信息源之后才再次把它发了出去。

如果我们能多克制一点分享信息的冲动，世界将会变得更加
美好。过去，只有可以接触到出版平台的专业人士——记者，报
纸、杂志的所有者，电视台——才能掌控公众获取的信息。现如
今，我们每一个人都是信息的掌管人，这一角色意味着权利，也
意味着责任。我们的责任之一就是尽我们所能确保我们读过并传
播出去的内容是可靠的，尤其是当那些内容符合我们根深蒂固的

意识形态观念和偏见时，我们更要注意。

有时，这是关乎性命的。

————

2015 年 6 月 17 日晚，一位名叫迪兰·鲁夫（Dylann Roof）的 21 岁男性走进了南加州查尔斯顿的伊曼纽尔非裔卫理圣公会教堂。他想找牧师克莱门塔·平克尼（Clementa Pinckney），这位牧师是南加州和查尔斯顿市的一位德高望重的人物，他担任立法委员已经有近 20 年的时间了[2]。

平克尼带鲁夫去了教堂地下室的圣经研习会，牧师在那里和一小群信众讨论圣经。在一番激烈的思想碰撞之后，鲁夫拔枪杀死了九个人。一名受害者曾恳求鲁夫停下来，他回答说："不，你们强奸了我们的女人。你们还想夺走这个国家。我要做我不得不做的事。"鲁夫口中的"你们"是指"非裔美国人"。该教堂又被大家称为伊曼纽尔圣女堂，它是美国最古老的黑人教会之一。

鲁夫遭到了逮捕，他成了第一个被判处死刑的联邦仇恨罪犯[3]。在辩护和忏悔环节，他解释了这种深刻的种族仇恨的起源。他认为他的"使命感"源于互联网上那些关于"黑人对白人犯下的罪行"的信息[4]。他的首要信息源是保守公民委员会（Council of Conservative Citizens，简称 CCC），CCC 是一个种族主义组织，它发表的文章和以下这类图表意在宣扬黑人侵犯者专门针对白人受害者实施罪行，其比例严重失调，而原因只因为这些受害人是白人[5]：

黑人暴力侵犯者的受害人分布

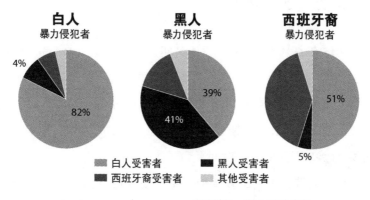

（资料来源：美国司法统计局）

人类的本性决定了我们的所见所知在很大程度上取决于我们想看到什么、想了解什么。鲁夫也不例外。他的辩护词所揭示的是一种从儿童时期和青少年时期开始，在种族怨念的影响下形成的思维模式，后来这种思想又被这些数据和图表进一步固化，尽管这些数据和图表是由一个极端组织在政治利益的驱使下经过对事实进行扭曲而生成的。CCC 的图表是由白人至上主义者贾里德·泰勒（Jared Taylor）设计的，而它的灵感来自于《国家评论》（*National Review*）的希瑟·迈克·唐纳德（Heather Mac Donald）所写的一篇令人困惑的文章[6]。这个案例强有力地说明了核查信息的初始来源是多么的重要，不仅如此还要了解制图师所获取的原始数据的本来面目。

泰勒的数据来自司法统计局的受害者调查，这个调查结果很容易获取，通过谷歌搜索就能找到。更具体地说，数据来自下表。我加注了一些箭头，帮你了解应该按什么方向来看数据，横向的红色格子里的百分数之和为100%：

暴力伤害的分布，2012-2013
按照受害者的黑人/白人/西裔的百分比，以及犯罪者的黑人/白人/西裔的百分比展现

受害者的种族	年均受害数量	总计	施暴者的种族				
			白人/a	黑人/a	西裔	其他/a,b	未知
暴力犯罪总和	6,484,507	100%	42.9	22.4	14.8	12.1	7.8
白人/a	4,091,971	100%	56.0	13.7	11.9	10.6	7.8
黑人/a	955,800	100%	10.4	62.2	4.7	15.0	7.7
西裔	995,996	100%	21.7	21.2	38.6	11.6	6.9
其他/a,b	440,741	100%	40.3	19.3	10.6	20.3	9.5

a/不包含西裔和拉丁裔
b/包括美国的印第安人、阿斯加土著、夏威夷土著、其他太平洋群岛土著，以及种族超过两个的个体。

（资料来源：美国司法统计局，全国犯罪被害人调查）

这张表显示了除谋杀以外的各种暴力犯罪。请注意"白人"和"黑人"不包括西裔和拉丁裔的白人和黑人。"西裔"包含所有西班牙裔或拉丁裔的个体，不区分肤色或种族。

表格中的数据与经泰勒挑肥拣瘦后展现的数据存在差异，想要理解这之间的区别稍微有点麻烦。让我们从描述表格中的数据入手。相信我，如果我不用语言给自己解释一遍这些数字的话，连我自己都很难理解它们：

- 自2012年至2013年，非谋杀类的暴力犯罪受害者接近650万名。

- 诚然，超过400万名受害者（占受害者总数的63%）是白人，近100万名受害者（占受害者总数的15%）是黑人。其他受害者属于另外的种族或族裔。

- 现在，关注"白人"这一行：56%的白人受害者遭到了白人罪犯的侵犯，遭到黑人罪犯侵犯的比例是13%。
- 接着，换到"黑人"这一行：10.4%的黑人受害者遭到了白人罪犯的侵犯，遭到黑人罪犯侵犯的比例是62.2%。

这个表格说明的问题——也是这些数据背后的真实情况——是这样的：

非西班牙裔白人和黑人受害者的百分比非常接近他们在美国人口中的自然分布：63%的受害者是非西裔白人，而美国人口调查局的数据显示美国人口中有61%的非西裔白人（如果算上西裔、拉丁裔白人，那么白人的比例超过70%）；15%的受害者是黑人，而非裔美国人占美国人口的13%。

在发生暴力案件的时候，犯罪方与被害方同族或同裔的可能性更高。让我们来做一个与泰勒的图表类似的饼图，只不过我们按照数据应有的样子来进行展示：

不同种族的受害者对应的犯罪方种族分布

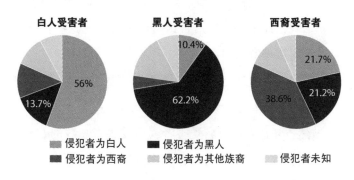

上述几幅根据美国司法统计局的数据绘制的图表跟泰勒的图表有很大差异，为什么会这样？原因是泰勒在数学上耍了个心机，以此来传递一种先入为主的信息，目的是激发种族敌意。用他的话来说："当白人实施暴力犯罪时，他们选择的攻击目标通常是白人同胞（绝大部分时候是如此），而且几乎从不攻击黑人。而黑人攻击黑人和白人的比例几乎没有区别。"

为了得出这些数字，泰勒首先把司法统计局的统计表中的百分比数据换算成了受害者的人数。比如说，如果表格显示白人受害者有 400 万人，其中 56% 是被白人罪犯侵犯的，也就是大概230 万白人受害者是被白人侵犯的。

通过换算，泰勒首先得到了一个不包含百分比而是包含绝对数量的表格，大概如下表：

受害者的种族	年均受害数量	施暴者的种族				
		白人	黑人	西裔	其他	未知
暴力犯罪总和	6,484,507	2,781,854	1,452,530	959,707	784,625	505,792
白人	4,091,971	2,291,504	560,600	486,945	433,749	319,174
黑人	955,800	99,403	594,508	44,923	143,370	73,597
西裔	995,996	216,131	211,151	384,454	115,536	68,724
其他	440,741	177,619	85,063	46,719	89,470	41,870

然后泰勒纵向地看每一列的数据，用"总和"一行的数据作为分母，再把每个格子里的数据重新换算回百分比。比如说，请看"施暴者种族为黑人"这一列：受害者总数是 1,452,530人，其中 560,600 人是白人，也就是受害者总数的 38.6%。通过

这样一番换算，泰勒得出了他最终的数据，也就是他在他的饼图
中展现的数据：

受害者的种族	年均受害数量	施暴者的种族				
		白人	黑人	西裔	其他	未知
暴力犯罪总和	6,484,507	2,781,854	1,452,530	959,707	784,625	505,792
白人	63.1%	82.4%	38.6%	50.7%	55.3%	63.1%
黑人	14.7%	3.6%	40.9%	4.7%	18.3%	14.6%
西裔	15.4%	7.8%	14.5%	40.1%	14.7%	13.6%
其他	6.8%	6.4%	5.9%	4.9%	11.4%	8.3%

（说明，通过对泰勒的计算过程进行重演，我得到的结果与
泰勒的计算结果只有一个很小的差异，即我算出的白人受害者被
白人罪犯侵犯的比例是82.4%，而泰勒算出的数据是82.9%。）

仅从算术的层面上讲，这些百分比可能是正确的，但是这并
不足以保证这个数字有意义。对数字的解读离不开情境。泰勒的
这番数据换算至少包含了四个不靠谱的假设：

首先，他忽视了美国的种族构成。人口调查局的数据显示，
2016年的美国人口约有73%由白人构成（包括西裔和拉丁裔白
人），13%由黑人构成。基于这一事实，阿莱莎·福尔斯（Alyssa
Fowers，她是我在迈阿密大学的学生，现在是一名图表设计
师）帮我做了以下的事后计算：

假设有一个假想的（而且是非常活跃的）白人犯
罪分子。在他的犯罪经历中，有一半是对自己的同种族
同胞下手，而另一半是对各种族的人随机施行犯罪，那

么在他的犯罪档案中将有86.5%的受害人是白人，而只有6.5%是黑人。

与此同时，如果有一个黑人犯罪分子按照完全相同的规则行动——一半的案件对自己的同种族同胞下手，而另一半是对各种族的人随机施行犯罪，那么在他的犯罪档案中将只有56.5%的受害者是黑人，而36.5%的受害者是白人。这个结果看似是黑人犯罪分子刻意挑白人下手，至少比白人挑黑人下手的情况多得多。然而实际情况是，由于美国的人口构成，导致潜在的白人受害者远比黑人多，潜在的黑人受害者远比白人少。

泰勒做出的第二个不靠谱的假设是：他比司法统计局更懂得如何归结问题原因。然而事实恰恰相反：由于暴力犯罪的性质，犯罪方通常会选择与自己类似的人以及住在周围的人实施犯罪。比方说，有些暴力案件其实是家庭暴力的产物。司法统计局对此进行了解释："除抢劫以外的其他所有类型的暴力犯罪都是种族内施害的比例高于种族间施害。"抢劫是一个例外，可能是因为假如你是一个抢劫犯，你会想办法去攻击比你所在的居住区更富裕的社区。

这又引出了泰勒的第三个错误假设：犯罪分子是以种族为条件来"选择"受害者的，因此黑人犯罪分子"选择"白人受害者往往比白人犯罪分子"选择"黑人受害者的情况更频繁。然而，事实是除非是有预谋地实施犯罪行为，否则罪犯根本不会选择受害者，更不会选择受害者的种族。在最常见的暴力犯罪中，犯罪分子攻击受害者是因为他们对受害者感到愤怒（家庭暴力）或因为他们想要从受害者那里得到有价值的东西（抢劫）。黑人罪犯会抢劫白人吗？当然了。但是这不是由种族原因而驱动的暴力行为。

第四个错误假设也是最要命的一个。泰勒希望读者们认为那些真正的由种族原因而驱动的暴力犯罪——仇恨罪——是统计不出来的。而事实上，仇恨罪是有官方统计的，而且这些数据其实更切合他想讨论的问题，只不过他不方便引用这些统计数据罢了：2013 年，执法机构的报告宣称 3,407 件仇恨罪的侵犯行为是因种族原因而起，其中 66.4% 是由反黑人的偏见造成的，21.4% 源于反白人的偏见[7]。

这些才是应该出现在泰勒的图表中的数据。正如乔治梅森大学的教授大卫·舒姆（David A. Schum）在他的著作《概率推理的证据基础》[8]（*The Evidential Foundations of Probabilistic Reasoning*）一书中所说，当数据"与某个推论的相关性被建立起来时，数据就变成了该推论的证据"。这恰恰是我们要警惕的。许多罪犯是黑人且许多受害者是白人这一事实不能支持"罪犯刻意选择侵犯对象"这一推论，更不能证明"这种选择是基于种族的原因"这个推论。

现在我们很难去设想如果迪兰·鲁夫没有看保守公民委员会捏造的那些数字，而是看到了数据原本的样子，事情会发生怎样的逆转。他那些带有种族主义色彩的信念会被改变吗？在我看来也不太可能。但是至少这些信念不会被进一步强化。不靠谱的算术和不靠谱的图表可能会带来致命的后果。

———

经济学家罗纳德·科斯（Ronald Coase）曾经说过，只要你把数据"折磨"得足够到位，它终会向任何结论"就范"[9]。骗子们不但对这个金句了然于心，而且恣意践行。上述事件就是一个典型案例，那幅印证了迪伦·鲁夫的种族主义信念的图表，可以用相同的数字传达出两种截然相反的信息，就看制图人如何操控这些数据了。

假设我运营着一家拥有 30 名员工的公司，在发送给股东们的年报里，我提到我很在意男女平等，我雇用的男性员工和女性员工数量相当。在文件中，我也还兴奋地指出我的女雇员中有 3/5 的人工资高于同级别的男性员工，这弥补了职场中女性往往比男性收入低的遗憾。我说谎了吗？除非我用表格的形式展现所有的数据，否则你也不得而知：

| 女性员工 | | | | 男性员工 | | | |
员工	收入（美元）	员工	收入（美元）	员工	收入（美元）	员工	收入（美元）
经理	150,000	普通员工	45,000	经理	162,000	普通员工	44,750
经理	130,000	普通员工	42,000	经理	138,500	普通员工	41,000
经理	115,000	普通员工	40,000	经理	125,000	普通员工	39,500
总监	76,000	普通员工	38,000	总监	80,000	普通员工	37,000
总监	74,500	普通员工	36,000	总监	76,000	普通员工	35,500
总监	72,000	普通员工	35,250	总监	73,000	普通员工	35,000
普通员工	70,000	实习生	15,000	普通员工	68,500	实习生	14,000
		实习生	15,000			实习生	14,000

■ 同岗位女性比男性收入高　　　　　■ 同岗位男性比女性收入高

我可能并不是完全撒谎，但是我也没有透露全部真相。我的大多数女员工的工资的确比男性同事高，但是我隐瞒了部分真相——由于管理层的收入非常不平等，导致公司中男性员工的平均收入高于女性（男性的平均工资是 65,583 美元，女性的平均工资是 63,583 美元）。如果我想要提供关于公司的真实情况，那么上述两种衡量角度有着同等的重要性。

虽然上面这个案例是虚构的，但是类似的例子在新闻媒体中比比皆是。2018 年 2 月 22 日，BBC 新闻写道："巴克莱的女性收入低 43%——提交给政府的收入性别差异数据显示，巴克莱的女性雇员收入低于男性，最严重的情况下差异可达 43.5%。"[10] 这同样不是谎言。巴克莱银行的薪酬性别差异的确很大，但是数据分析师杰弗里·沙菲尔（Jeffrey Shaffer）指出[11]，43.5% 这个数字也不能代表事实的全部真相。我们需要的是下面这样一幅图表，它从其他角度揭示出一些我们忽略掉的信息：

巴克莱银行的英国员工

巴克莱银行确实在性别平等方面存在问题，但并不是工资差距的问题——银行的一份报告显示，处于相同职位的男性和女性的薪酬几乎相同。巴克莱的挑战在于绝大部分的女性员工属于基层员工，而管理层大多数是男性。因此，解决问题的关键可能在于晋升政策。该行首席执行官杰斯·斯特利（Jes Staley）表示："尽管在巴克莱女性员工的数量正在增长，但是处于低职级、低收入水平的女性员工仍然占比很高。"

　　数字总能给出多种解释，这些解释可能出自不同的角度。然而记者们没能经常变换得出结论的视角，可能是因为我们不太擅长数学，也可能是因为我们不够用心，或者仅仅是因为被迫要赶时间快速发表文章。这就是为什么看图表的人必须保持警惕。即使是最诚实的制图者也会犯错。我这么说是因为我在这本书中指出的大部分错误我都犯过——尽管我并不是故意要说谎！

────

　　2016 年 7 月 19 日，新闻网站 Vox 发表了一篇题为"美国的医疗保健价格已经失控。11 幅图表可以证明这一观点"[12]的文章。

　　无论在课堂上还是在演讲中，我都喜欢反复提到一句箴言：图表本身并不能证明任何东西。在论证和探讨中，图表可以成为很有力量、很有说服力的一个组成部分，但是单论图表本身，它们通常是没有价值的。Vox 在文章标题中所提到的图表长这个样子：

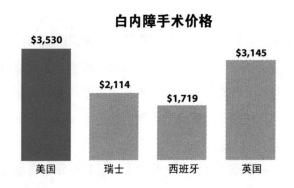

Vox 所讲的故事正是我想在社交媒体上转发的那种内容，因为它证实了已经存在于我信念中的事情：我出生在西班牙，西班牙的医疗保健服务大部分是公立的，是通过税收来支付的，很多其他西欧国家都是如此。我当然同意美国的医疗保健价格已经"失控"——因为我自己也深受其害！

然而，价格失控的程度究竟如何？价格是真的失控了吗？Vox 的图表拉响了我内心中的那个"胡扯报警器"，因为 Vox 的故事没有提到它们所报道的价格是否根据购买力平价（purchasing power parity，简称 PPP）进行过调整。所谓购买力平价是综合考虑生活成本和通货膨胀后，用来比较不同地区的价格的一种方法。其基础是计算在各个不同国家购买相同的一篮子商品所需要花费的货币数量。因为我在很多地方生活过，我可以确定一定以及肯定地告诉你 1000 美元在有些地方是很大一笔钱，而在另外一些地方则不是。

我会想到 PPP 的另一原因是因为我家里有很多人在西班牙从事医疗保健工作：我父亲退休前是一名医生，我叔叔也是；我父亲的姐姐是一名护士；我妈妈曾担任一家大型医院的护士长；我的祖父也是一名护士。我了解他们的薪酬水平。如果他们搬到美国，在同等水平的机构担任同等水平的职务，他们的薪酬至少是在西班牙收入的两倍。而这个比例恰恰是 Vox 在一些图表中展示出的比例。

我对这些数据的来源感到好奇，而且我想知道数据是否进行过合理的换算以使其具备可比性，于是我在网络上进行了一些挖掘工作。报道中提到，Vox 的数据来源是位于伦敦的国际卫生计划联合会（International Federation of Health Plans，简称 IFHP）所发表的报告。IFHP 的会员包括 70 家健康机构和 25 个国家的保险机构[13]。

报告在概述页中解释了研究使用的方法。他们用什么方法来估测在不同国家中执行某些特定医疗程序以及购买特定药品的平均价格呢？概述的第一句是这么写的：

　　　　每个国家的价格由联合会的成员提交。

这就意味着该调查并没有收集所有国家的所有医疗计划提供者的价格并对其取平均，而是对一些样本的数据取平均。这并不是什么原则性的错误。在估测某些指标——比如美国公民的平均体重——时，你不太可能测量到每一个个体。更现实的做法是，随机抽取一个大量的样本，然后对样本的测量数据取平均。在上述这个案例中，恰当的做法是从各国的健康服务提供者中随机抽取出一个小样本集。所有的机构被抽取的机会应该是均等的。

如果严格地执行了随机抽样法的话[14]，那么基于这个样本计算出的平均值很可能趋近于这个样本所代表的群体的均值。统计学家会说，一个精心挑选的随机样本是其总体的"代表"。样本的均值不会与其总体的均值完全相同，但是会非常接近。这就是为什么统计估测常常会伴随着一个不确定性指标，比如说如雷贯耳的"边际误差"（margin of error）。

但是 IFHP 使用的样本并不是随机的，而是自选择的。提供价格数据的是那些自愿选择成为 IFHP 会员的机构，平均数是由这样的样本得出的。使用自选择的样本是有风险的，因为没办法评估通过这样的样本计算出的统计数据是否与其所代表的总体相符。

我猜你肯定很熟悉另一种自选择样本的极端例子——网站和社交媒体上的民意调查。想象一下左翼杂志《国家》（*The Nation*）在社交媒体上询问受访者是否支持共和党的总统。他们得到的结果很可能是 95% 的反对和 5% 的支持。考虑到《国家》的读者很可能是进步主义者和自由主义者，这个结果也就没什么好奇怪的了。如果由福克斯新闻来做类似的民意调查，那么结果将会截然相反。

接下来，情况变得更糟了。在 IFHP 报告的概述页，我们读到了这样一段话：

美国的医疗价格数据来自超过 3.7 亿个医疗病例以及超过 1.7 亿个药房购买记录，这些数据反映了支付给卫生保健机构的协议价格。

但其他国家的价格……

……来自私立机构，每个国家的数据由一家私营的健康计划提供者提供。

这种样本是有问题的，因为我们不知道某个国家的那一家私营的健康计划机构是否能够代表国内的所有健康计划。的确存在一种可能性，即西班牙的那一家健康计划机构的白内障手术报价恰好与西班牙的白内障手术平均价格一致。但是更有可能的是，这个特定机构的报价要么比全国平均水平贵得多，要么便宜得多。对此我们就不得而知了！IFHP 也无从了解，正如他们在概述的最后一行公开承认的：

特定国家的单一健康计划报价可能不能代表同一国家的其他健康计划机构的报价。

嗯，是的，没错。这句话低调地暗示我们："如果你使用我们的数据，请提醒您的读者注意数据的局限性！"Vox 为什么不解释其报道所使用的数据存在各种局限性呢？如果他们解释过的话，读者或许会对这些数据持保留态度，或者干脆彻底怀疑这些数据。我不知道 Vox 为什么不进行告知，但是让我斗胆揣测一下，因为我身为一名记者自己也做过许多有缺陷的图表、讲过不少有缺陷的故事：绝大多数记者的本意并不坏，但我们很忙，我们要赶时间，而且——在 Vox 这个案例中——我们会心不在焉。尽管我们不愿意承认，但是我们的确经常把事情搞砸。

我不认为我们应该因此而不信任所有的新闻媒体，我会在本章的末尾再回来解释这个问题。但是既然知道了这些，我们就应该认真考量自己获取信息的信息源，而且我们应该在运用常识来进行推理的时候更加审慎，正如卡尔·萨根（Carl Sagan）那句名言所说"非凡的论断需要非凡的证据"。

说到"非凡的论断",这里恰好有一个例子:在那些偏民主党的州,人们消费的色情作品比那些偏共和党的州更多。知名网站 Pornhub 的数据显示,堪萨斯州是唯一的例外[15]。平均而言,堪萨斯人在网络上消费的色情作品数量异常之高:

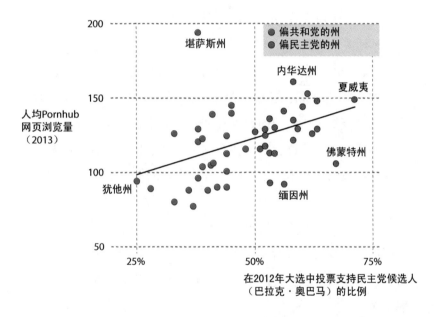

哦,堪萨斯州的朋友们,你们可真淘气!你们比美国东北部的那些自由主义者们(缅因州人均92、佛蒙特州人均106)观看的色情作品还要多(堪萨斯州人均194)。

不过,可能你们并没有浏览那么多色情网站。要解释其中原因,我首先得告诉你美国毗连地区的地理中心在哪里:

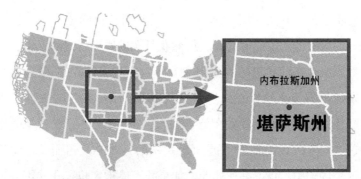

● 美国毗连地区的地理中心

前面的散点图是基于记者克里斯托弗·英格拉罕（Christopher Ingraham）为自己的个人博客所设计的散点图而制作的。这位记者的博客 WonkViz 聚焦于政治和经济问题。

英格拉罕的散点图和图中所用的 Pornhub 的数据之后又被几家新闻出版物转载。他们之后可能都免不了要发布更正声明。

这些数据和由此得出的推论是有问题的。首先，我们不知道 Pornhub 的浏览量是否能很好地反映色情作品的整体消费情况——很难说是不是其他州的居民倾向于使用其他色情网站来获取资源。此外，之所以堪萨斯州的人均色情消费数量如此之高，其原因在于数据存在一个吊诡的问题。除非你使用虚拟专用网络（VPN）之类的工具，否则那些运营网站和搜索引擎的人可以通过你的互联网协议（IP）地址——它是分配给你的互联网连接的一串特定的数字标识——来定位你的位置。举个例子，如果我在佛罗里达州的家中访问 Pornhub 网站，Pornhub 的数据人员可以知道我大致在什么位置。

不过，我确实会用 VPN 把我的互联网转设到位于世界其他地方的服务器上。此时此刻，虽然我身在佛罗里达州的家中，我舒舒服服地在院子里晒着太阳写着书，但是我的 VPN 服务器却挂在加州的圣克拉拉。如果要把我添加到 Pornhub 的数据库中去，他们给我打的标签要么是"加州·圣克拉拉"，要么是"未知位置"——因为他们可能知道我用的是 VPN。然而，在我们的这个例子中，情况并非如此。如果我不能被定位，我并不会被移除出数据，而会被自动分配到美国毗连地区的中心，也就是把我变成堪萨斯人。英格拉罕指出了散点图中存在的这一错误信息：

> 堪萨斯州的抢眼表现很可能是对地理定位进行人工定义的结果——当服务器不能获取美国网站访问者的确切位置时，这些访问者都会被定义为处于美国的中心——也就是堪萨斯州。因此，你看到的这一结果其实很可能是堪萨斯人在替其他的匿名色情资源搜索者遭受非议（或者说背锅?)[14]。

如果记者和新闻机构会像英格拉罕一样承认错误并更正报道，那么他们仍然值得信赖。

记者值得信赖的另一个标志是：他们是否从多个角度来挖掘数据，并且参考不同来源的数据。出于好奇，我随意地研究了一些相关文献，试图发现色情消费模式和政治倾向之间的关系。结果还真的有这种文献——我在《经济展望杂志》（*Journal of Economic Perspectives*）上发现了一篇题为《红色州：谁在为线上成

人娱乐付费？》（Red Light States：Who Buys online Adult Entertain-
ment）的论文，作者是本杰明·埃德尔曼（Benjamin Edelman），
他是哈佛大学工商管理学院的一名教授[16]。

如果说 Pornhub 的数据显示，就平均而言，在倾向自由主义
的州人们通过互联网消费的色情作品更多；那么这篇论文则恰好
揭示了相反的规律：红色州消费更多的成人娱乐。以下是我根据
埃德尔曼的数据快速绘制的一幅图表（说明：埃德尔曼的研究并
未囊括所有的州，而且变量之间的关联性很弱）：

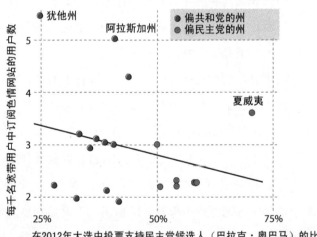

在2012年大选中投票支持民主党候选人（巴拉克·奥巴马）的比例

这项研究中的异常值是犹他州、阿拉斯加州和夏威夷。想要
将这幅图表和前面的那幅图表进行比较的话，需要注意的关键因
素是图表的纵轴：在英格拉罕的图表中，纵轴是人均浏览 Porn-
hub 页面的数量；而在本研究中，纵轴是每千名宽带用户中订阅
色情网站的用户数。

想要正确地解读图表，我们必须首先确定图表衡量的究竟是什么，因为这可能会从根本上改变图表所包含的信息。举例来说：**我不能单凭后面的这幅图表**就断言"犹他州、阿拉斯加州或夏威夷的居民看了更多的色情作品"；因为很有可能这些州的居民看的色情作品并不比别的州多，只是他们更习惯于通过付费网站来获取色情资源，而不像其他州的人那样从诸如 Pornhub 这样的免费网站上获取资源。

做细心的图表阅读者意味着要批判性地看待数据。它还需要你逐渐学会判断什么样的信息源是可信赖的。上述两项要求都超出了本书的范围，但是我愿意提供一些建议。

有些书籍可以帮助你更好地评估我们在媒体上看到的那些数字。我个人比较推荐查尔斯·韦兰（Charles Wheelan）的《赤裸裸的统计学》（*Naked Statistics*）、本·戈德契（Ben Goldacre）的《小心！不要被"常识"骗了》（*Bad Science*），以及乔丹·艾伦伯格（Jordan Ellenberg）的《魔鬼数学》（*How Not to Be Wrong*）。单是这些书就能帮你避开许多最常见的错误，也就是那些我们在处理日常统计问题时常常会出现的错误。这些书几乎没怎么提及图表，但是我们可以从中学习到关于数据推理的基础技能。

如果你想做一名好的媒体消费者，我建议你访问事实核查日网站（https：//factcheckingday.com）。它是由波因特研究所创建的，该机构是一所致力于提升信息素养和传播新闻学的非盈利学校。该网站列出了一系列能够帮助你衡量图表（或新闻报道、网站、出版物）可信度的特征。

顺带提一句，过去只有记者、新闻机构以及其他媒体机构才能扮演"信息发布者"这一角色，而现如今每一个出现在网络上的个体都是一个信息发布者。有些个体只面向一小群人——我们的亲朋好友——发布信息，而另一些个体则拥有大批的追随者：我自己的推特关注就包括了我的同事、熟人和完全陌生的人。无论有多少人关注我们，我们发布的信息都有潜在的可能性会波及成千上万的个体。这就带来了道德责任。我们不要再随心所欲地分享图表和新闻故事了。尽量避免传播可能具有误导性的图表和故事是我们每个人都应该承担的公民义务。我们必须为更健康的信息环境做出一份贡献。

———

让我先来分享一下我自己的信息传播原则，这样你可以参考着建立你自己的原则。我是这样做的：每当我看到图表时，我都会仔细读，而且要看看是谁发表的。如果我有时间，我会浏览一下数据的主要来源，正如我对金属乐队地图和 Vox 的那篇健康护理价格报道所做的一样。在分享一张图表之前花几分钟去浏览信息来源不一定能保证我每次传播的信息都不包含错误内容，但是这样做能够降低传播错误内容的可能性。

如果我对图表或故事背后的数据有疑问，我就不会转发它们。我会去问我信任的人，以及对这个主题有更多了解的人。比如说，在出版本书之前，我会请一些在相关领域拥有博士学位的朋友来通读全书以及书中的全部图表。如果我以一己之力不足以评判图表的质量，那么我就会找这样的人来帮助我。顺便说一句，你不一定非要找学富五车的朋友来帮你；你孩子的数学或科学老师就足够了。

如果我能阐释清楚为什么我认为图表是错误的或者为什么我认为图表是有待改进的，那么我会把相关的解释说明和图表一起发布在社交媒体上，或者发布在我的个人网站上。然后，我可能会吸引到图表作者的注意，并尽我所能给出建设性的批评（除非我确信发布者的图谋不善）。我们都会犯错，我们可以从彼此的错误中互相学习。

想让我们所有人都能去核实每天看到的所有图表背后的数据是不现实的。我们通常没这个闲工夫，而且我们也可能缺乏核实数据的知识。我们只能依赖可信的信息来源。那么，我们如何判断一个信息源是否值得信赖呢？

我根据个人的经验以及我对新闻、科学和人类大脑缺陷的了解总结出来以下这一系列经验法则。这些法则只是我个人的经验，顺序不分先后：

- 不要相信任何你不熟悉的信息源所创建或分享的图表——除非你对图表或数据来源或对两者都进行过审核。
- 不要相信那些不提及数据出处的图表作者和发布者，如果他们不给出数据链接的话，也同样不可信。透明度是符合可信标准的另一个标志。
- 丰富你获取信息的媒体结构，这个原则不仅适用于图表。

无论你持有什么样的意识形态立场，都应该从持左翼、右翼和中立立场的个人和出版物中寻求多元信息。

- 让自己接触那些你并不赞同的消息来源，并对他们的立场和目的持善意的假设。我相信大多数人并不愿意故意撒谎或误导他人，而且我们都讨厌被欺骗。

- 看到一张糟糕的图表时，先别急着咒骂作者的险恶用心，因为匆忙、马虎或无知往往是更可能的原因。

- 当然了，信任是有限度的。如果你发现某个信息源有规律地进行误导，赶紧把这个信息源从你的列表上清除。

- 只需要关注那些在应该进行更正时发表过信息更正声明，且进行了公开更正的信息源。知错能改是高公民素养或高专业素养的另一个标志。俗话说得好：犯错者为人，改过者为圣。如果你关注的信息源在被证实出现错误之后没有系统性地发布更正，请果断弃之。

- 有些人认为所有记者都有自己的纲领。部分原因在于，许多人将新闻与电视和广播中那些愤怒的权威人士访谈混为一谈。那些访谈中的确有一些人是记者，但是大多数并非记者。他们是演艺明星、公共关系专家或党派工作者。

- 所有记者都有政治观点。谁没有政治观点呢？但大多数记者都试图控制个人政治观点的影响，并尽其所能去传递"关于真相可获得的最佳版本"——这是著名的水门事件记者卡尔·伯恩斯坦（Carl Bernstein）喜欢用的说法[17]。

- 这个可获得的版本可能不是事实本身，但好的新闻有点类似于好的科学。科学不能发现真理。科学能做的是根据可获得的证据提供越来越好的解释，不断趋近于真理的真实面貌。如果证据变了，那么解释——无论是新闻报道的解释还是科学解释——都应该做出相应的改变。如果信息源承认此前的观点是基于不完整或错误的数据得出的，但又从未改变过其观点，那么你就要提高警惕了。

- 避免过于党派化的消息源。他们不但不能提供信息而且会造成污染。

- 如果非要让我说那些"有一点"党派化的信息源——在各种意识形态中，"有一点"党派化的信息源中都有一些靠谱的——与那些"过于"党派化的信息源之间到底有什么区别，这还真有点难。这需要你花些时间和精力，但是我可以给你提供一个很好的线索帮你找到方向：关注该信息源发布信息的语气，包括信息源所使用的语言是否带有意识形态色彩、夸夸其谈或咄咄逼人。如果是，就别再关注它了，即便是出于娱乐的目的也别再关注了。

- 过于党派化的消息来源，尤其是那些你认同的消息来源就像是糖果：偶尔吃一点或许感觉不错也很有趣。长期大量摄取就不健康了。你要做的是滋养自己的大脑，迫使它不断得到训练并接受挑战，而不是娇惯自己的大脑；

否则，它就会枯竭。

- 你与发布者在意识形态上越一致，你就越应该强迫自己带着批判的眼光去阅读它所发表的任何内容。我们人类会从那些证实我们既有信念的图表和故事中找到安慰，而对那些反驳既有信念的信息爱答不理，看不上眼。

- 专业知识很重要，但是专业知识仅在具体领域能发挥作用。如果要对一幅关于移民的图表进行探讨，机械工程师或物理学博士或哲学博士的判断并不比你身为一个外行人的判断更权威。但是你的观点不太可能会比统计学家、社会科学家或专攻移民问题的律师所表达的观点更确切。对知识还是要抱持谦虚的态度。

- 抨击专家已经成为一种流行趋势。但健康的怀疑主义一不留神就容易误入歧途，成为虚无主义，特别在出于情感或意识形态的原因而导致你不喜欢那些专家言论的情况下[18]。

- 有些图表描绘了一些我们不愿去了解的现实。面对这类图表我们容易过于苛刻，于是对这些图表的理解就变得更加困难，我们也很难相信图表制作者没有恶意，因此也很难冷静地评估图表所展示的信息是否有价值。不要仅仅因为你不喜欢图表的设计者或不喜欢他们的意识形态而妄下定论，反对图表的内容。

最后，请记住图表会说谎的原因之一是因为我们会对自己说谎。这是本书的中心思想，我将在总结部分再次进行详细解释。

| 第四章 |
陷阱之三：提供片面的数据

视觉垃圾的贩卖者们都知道，要想欺骗读者，一种有效手段就是使用断章取义的数据。你可以根据自己的观点对数据挑三拣四，去掉那些可能会驳斥自己观点的数据，这样你就可以做出一幅完全符合自己诉求的精美图表。

想要欺骗读者还有一种反其道而行的方式：与其处心积虑地展示一小部分精挑细选的数据，不如把尽可能多的数据一股脑塞进图表里，挤爆读者的思维带宽。如果你不希望任何人会注意到某一棵特定的树，那就把一整片森林展现在大家眼前。

2017 年 12 月 18 日，我美好的一天被白宫通过推特发布的一张可怕的图表给毁了。我有一个核心原则——如果你想要和气而又不失理性地探讨棘手的问题，你需要使用好的证据。而白宫发布的这幅图（如下所示）完全不符合这个原则。

出于对这幅图表的好奇，我点开了附带的链接，发现这幅图属于一系列关于举家移民（family - based migration）的调查。其中一些图表显示：在最近的 10 年中，70% 的美国移民是举家移

124

民（带着亲属一起移民）的，移民数量达到 930 万人[1]。

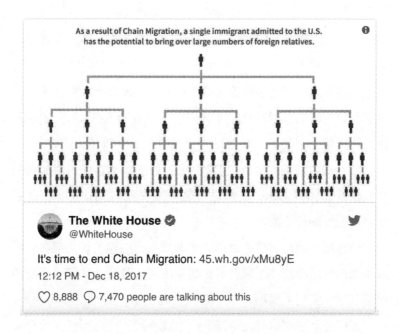

对于举家移民这件事儿，我的态度并没有什么倾向性，既没有多少支持，也不怎么反对。双方都有一些比较合理的论点。一方面，让移民在最亲近的亲人之外赞助其他的亲戚移民美国，这不仅仅是一种人道的行为，而且也可能带来心理和社会的效益；广泛而坚固的家庭网络可以为家庭成员提供保护、安全感和稳定性。另一方面，强调基于综合素质的移民，增加高技能人才的数量，可能是更好的移民方案，为此可以适当牺牲其他类型的移民数量。

我对移民这事儿本身并没有什么看法，但是我强烈反对这种宣传方式和误导性的图表。首先，注意图表使用的语言，我在上一章中提醒过大家要警惕这种语言："连锁移民"（Chain Migration）这个术语在过去曾被广泛使用，但是"举家移民"这个术语则要中立得多。

白宫是这样描述移民美国的人们的："最近十年内，美国仅出于家庭关系的原因就已经永久安置了 930 万移民。"安置？我自己就是移民。我出生在西班牙，我的妻子和孩子出生在巴西。我们可不是"被美国重新安置"，我们是搬到了这里。假如我们赞助亲戚移民到美国，他们也不是"被安置"到这里的，他们会是自愿搬到这里来。

白宫刻意使用这样的语言让你的观点产生偏差，甚至在你看数据之前就已经产生了带有偏见的看法。这种伎俩其实有坚实的科学基础。我们人类啊，并不是理性地权衡数据然后做出决定；相反我们总是根据瞬间的情绪反应形成判断，然后用任何找得到的证据来支持这些观点。正如心理学家迈克尔·舍默（Michael Shermer）在他的著作《轻信的大脑》（*The Believing Brain*）中所言：形成信念轻而易举，改变信念困难重重[2]。如果我使用带有火药味的语言，我就可能潜移默化地引发听众的情绪反应，而这会进一步使他们对图表的理解产生偏差。

此外，出于激发情绪的目的，白宫对图表的修辞风格也进行了相应的调整。且看那句一名新移民"有潜在的可能性"会引进多少新移民！看起来他们就好像是细菌、害虫或蟑螂，每一代的数量都呈三倍增长，这种隐喻有着黑暗的历史先例。白宫在推特上发布的图表与种族主义者和优生学支持者们所青睐的图表惊人的相似。下图是德国于 20 世纪 30 年代绘制的，它描绘的是让"劣等"种族不受控制地繁衍之"危害"：

图表可能会因为使用了错误的数据而制造谎言，不过它们还可能制造另一种假象，即看似提供了洞见，实则没有引用任何有效数据。白宫的图表就是一个例子。

那个最终会带来几十个亲戚的移民是谁？他的原型是谁？我们不得而知。那个人能代表所有的移民吗？肯定不能。我为什么知道不能？我 2012 年持 H－1B 签证来到美国，这种签证颁发给拥有技能专长的来访者，同时这种签证可以允许我的老婆和两个孩子跟我一起居住在美国。之后我拿到了绿卡，成了美国的永久居民。你可以把我视为那幅图中最上面的那个人，我的家人是第二步骤的移民。

到目前为止，没什么毛病：我是顶端那个人，我下面一排是三名亲属。截至目前这一阶段，图表还算精确。但是白宫忘了提及，在适用于整个家庭的签证中，每年大部分的签证签发给了像我这样的家庭，即由夫妇两人和他们未婚的子女组成的家庭。我认为，即便是最坚定的反移民活动家也不会坚持倡导取消对这种家庭的举家移民政策，迫使人们妻离子散。当然，我也不能保证我的猜想一定成立。

好，接下来看看在图表的下面几层发生了什么。第二步骤中的移民如何做到每人带三个亲戚来美国定居？嗯，没那么简单：如果我妻子想带她的母亲和兄弟姐妹来，她就得以**直系亲属**的身份资助他们，直系亲属这一分类就把叔叔或堂/表兄妹之类的非直系亲属排除在外了。此外，对于某些类别的签证来说，我妻子需要先成为美国公民，才能为自己的直系亲属申请赞助，从这个意义上讲，她就已经不再是"移民"了。

适用整个家庭的签证每年签发的数量上限是 480,000 张。根据国家移民论坛的说法，对直系亲属的签证数量是没有限制的，但是这些签证会占用 480,000 张的额度，因此可以用来签发给非直系亲属的签证数量将非常有限。这就意味着你不可能想带谁来就带谁来，更重要的是，如果想带非直系亲属一起来美国可能需要花费数年时间，因为可用于前往任何国家的签证数量都是有限的。

敏感的政治话题通常能给错误的图表和错误的数据提供最佳案例——或者说最糟案例，这取决于你的立场。例如，2017 年 9 月布赖特巴特新闻网（Breitbart News）发表头条文章声称"2,139 名 DACA 获得者被指控对美国人实施犯罪行为或已被定罪[3]。"

DACA 是儿童入境暂缓遣返的意思。这是一个由巴拉克·奥巴马总统在 2012 年颁布的政策，该政策旨在保护那些在童年时期被非法带入美国的人，保护他们不被驱逐出境并给予他们工作许可。有很多批评者抨击 DACA 政策是由行政部门独断专行地制定出来的，而且没有经过国会的讨论。一些我认为还算理性的声音甚至说这一政策已构成违宪[4]。而特朗普总统在 2017 年 9 月终止了该政策。

DACA 政策的是非并不是我们关注的重点。我们要关注的是一个残酷现实：那些有价值的争论会被有缺陷的图表所妨碍。我根据布赖特巴特新闻网的数据和观点设计了一幅图，并尽可能让这幅图能跟文章尖锐的修辞风格相得益彰：

2,139名 DACA 获得者
被指控对美国人实施犯罪行为或已被定罪

报道的第一段是这么说的：

　　截至司法部长杰夫·塞森（Jeff Sessions）宣告废除奥巴马颁布的儿童入境暂缓遣返（DACA）政策之时，已有超过 80 万名未经审查的年轻非法移民得到了该政策的保护并获得了工作许可。在这些 DACA 受助人中，获刑的罪犯、团伙成员或犯罪嫌疑人的数量大得惊人。

没错，2,139 人，这个数字确实惊人。

不过，不是高得惊人，而是低得惊人。按照文章的说法，获得过 DACA 的人数超过 80 万。如果这个数字确切的话，那么其中被指控参与犯罪团伙或被定罪的罪犯的比例非常小。

让我们简单计算一下：如果你用 2,139 除以庞大的分母 80 万，商大约是 0.003。如果你把它乘以 100，你会得到一个百分数：0.3%。如果我们不乘以 100，而是乘以 1,000 的话，我们得到的是一个比率：每千名 DACA 受助人中，有 3 人会因犯罪而失去 DACA 身份。

如果我们把这个数字和其他比率进行比较，那么这个数字会显得更低，这才是我们应该做的。数字本身并没有意义，只有把它放在情境中进行对比才能产生意义。我们可以把每千名 DACA 受助者中有 3 人犯罪这个数字与相似规模的美国公民进行比较。2016 年的一项研究估算出 2010 年"在拥有选举权的年龄范围内，美国人口中的重刑犯比例约为 6.4%[5]"——也就是每千人中有 64 人。

每千名DACA受助人中……

3人因"重刑罪/因重大案件获刑轻罪/多次获刑轻罪/参与犯罪团伙或帮派/或因任何触犯公共安全的罪行而被捕"而丧失其临时保护身份

每千名居住在美国的符合投票年龄要求的人中……

2010年，有64人曾是重刑犯。该数据不包含获刑轻罪的人数。

资料来源：Shannon, Sarah K.S., et. al. "The growth, scope, and spatial distribution of people with felony records in the United States, 1948 to 2010." Demography 54(5)(2017)

　　相较于布赖特巴特新闻网那篇过于以偏概全的文章，我的这种对比要有意义得多，不过这种比较也不尽完美，原因如下：首先，我引用的只是由几位学者测算的数据，而且只是一项研究数据（不过，我确实没能找到显著低于该测算值的数据）。其次，我引用的这个数据测算的是全美适龄人口的犯罪率，几乎囊括了成年的所有年龄段。如果想要精准地进行比较，我们需要测算年龄在30岁左右的人口的犯罪率，因为DACA受助人的年龄大概都在30岁上下。

　　最后，DACA受助人不仅会因为重刑罪而失去其受保护的身份，被判轻罪和其他非重大罪行也会致使他们失去DACA保护，而对全美人口的犯罪情况测算只考虑了重刑罪。在2016年发表的那篇学术文章中，学者们对重刑的类别做出了以下解释说明：

> 重刑是一个宽泛的类别，囊括了从持有大麻到致人
> 死亡的各类罪行。历史上曾使用"重刑"一词来将某
> 些"严重罪行"或"严重侵犯行为"与那些不太严重
> 的较轻罪行进行区分。在美国，典型的重刑罪通常可判
> 处一年以上监禁；而轻罪则会获得较轻的制裁，如短期
> 拘留、罚款或两者兼而有之。

如果我们只计算因获重刑罪而被驱逐的 DACA 受助人，那么很有可能图表上的数字会更低。不过，在没有更多研究数据支持的情况下，我们也不能对此妄下定论。

我基于布赖特巴特新闻网的数据点所绘制的第一张图表只是一个例子，它展示了图表如何骗人——图表的骗人之处在于它展示的数据量不合理——在本案例中，该图展示的数据过少。而且这张图表还有另一宗罪：它很可能为了迫使读者接受某个议题而对所展示的数据进行了"断章取义"——它本应该展示比率，但却展示了人数，反之亦然。

———

无论一张图表的内容有多么丰富，它都不可能捕捉到事实的本质。然而，制图者可以努力在"过分简化事实"和"展现过多细节以致掩盖事实"之间寻求平衡，这种平衡决定着图表会变得更棒还是更糟。2017 年 11 月，前众议院发言人保罗·瑞安（Paul Ryan）在社交媒体上推动了减税和就业法案，这项法案当月通过了众议院投票。他使用了这样一幅图表：

不管你对 2017 年的减税政策持什么态度，反正这幅图是一幅过于简化的图表。平均值本身并不能说明什么。在美国有多少家庭属于"平均"水平，或是接近"平均"？是绝大多数吗？如果我不知道实际情况，如果我相信了瑞安的数字，我可能会认为绝大多数美国家庭都属于他所谓的"平均"。

根据美国人口普查局的数据，截至我写作本页内容之时，美国住户收入的中位数 60,000 美元[6]。说明：住户收入（household income）不一定等于家庭收入（family income）；一个住户包括住在同一个居住单元内的一个或多个成员，而并不是所有的住户都由家庭构成，家庭指的是由生育关系、领养关系或婚姻关系而产生联系的几个人。不过住户收入和家庭收入的分布形态非常接近。

让我来设计一张虚构的图表来展现绝大多数住户收入接近60,000 美元这一情况：

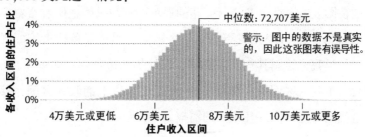

这种图表叫作直方图，用来展示频次和分布。在本示例中，我们用这幅图来展示一个假想的——也是错误的——按收入划分的美国住户的分布情况。在这幅直方图中，条形的高度与落入各收入区间的住户比例呈正比。条形的高度越高，意味着在那个特定的收入水平分布着更多的住户。另外，如果我们把所有的条形堆叠在一起，它们的总和将是100%。

在我虚构的图表中，最高的条柱位于分布的中央，接近中位数。而实际情况是，绝大多数的住户收入介于4万美元到8万美元之间。美国住户的真实收入分布与虚构图相去甚远，它长这个样子：

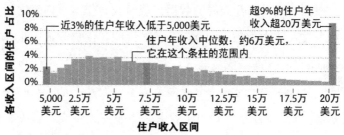

（资料来源：美国人口普查局）

美国住户收入的分布范围非常广，低至年入5,000美元，高至年入数百万美元。收入分布的偏态非常严重，以至于我们甚至无法在图表上对此分布进行完整的展示；我们只能把所有富裕家庭都归到"20万美元或更高"这个区间，用一根条柱来统一展现。如果我像绘制其他图表那样，以均等的单位——即每5,000美元一个收入区间——继续细分20万美元以上的收入区间，那么这幅图可能得占好几十页的篇幅。

　　所以说，**单纯**谈论平均或中位家庭将节省 1,182 美元这句话几乎没有任何意义。绝大多数的家庭节省的费用要么低于这个数字，要么远超这个数字。

　　作为一个喜欢发表公民言论的人，同时也身为纳税人，我本人很关心高税收问题，但我同时也非常关心平衡预算和用于基础设施、国防、教育和医疗保健方面的投资。我既在乎自由又重视公平。因此，我想从我的代表样本中了解真实情况，我想知道在整个收入区间中，有多少家庭会因减税政策而节省开支。为了达到这个目的，我们需要做的就不仅限于大致地给出简化的中位数或平均值；我们必须拿出更多的数据。对于平均收入 1 万美元、10 万美元和 100 万美元的人来说，一年究竟会节约多少钱？

　　税收政策中心对此进行了估算：他们测算了在执行减税和就业法案之后，属于几个收入区间的典型家庭的税后收入将会增加的百分比[7]：

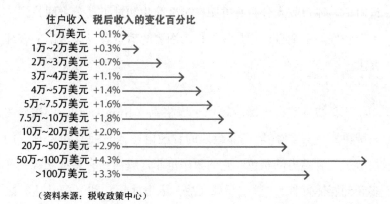

（资料来源：税收政策中心）

可见，住户收入超过 100 万美元的人可以享受到税后收入增加 3.3% 的福利（100 万美元的 3.3% 可是一笔高达 3.3 万美元的不菲款项），而中产家庭——以收入 7 万美元的家庭为例——只能享受 1.6% 的收入提升（即每年 1,120 美元）。我认为，这一政策公平与否是一个值得讨论的话题。支持或反对减税是你的个人自由，但是如果要就此问题进行辩论，我们起码要看到比平均数或中位数更详尽的数据[8]。这些用来衡量集中趋势的指标可能很有用，但是它们往往无法很好地概括数据集的分布形态及其细节。仅体现平均数的图表有时会欺骗读者，因为平均数所承载的信息量实在太少了。

当探讨收入这类话题时，还可以通过展示过多信息来实现欺骗的目的。想象一下，如果我用一个点来表示一个家庭的收入，我可以用一幅包含千万个点的图表来展示每个家庭的情况。当然，这种做法过于夸张了。我们并不需要用如此详尽的信息来促进对话。住户收入分布直方图在过度简化和过于复杂之间找到了一个较好的平衡点，这是我们作为图表的消费者可以提出的合理要求。

———

我喜欢冒险类电影。瑞恩·库格勒（Ryan Coogler）执导的漫威电影《黑豹》是一部绝佳的冒险电影，它拥有扣人心弦的情节和充满魅力的角色。它的票房也非常成功，有多成功呢？许多新闻媒体宣称，"继《星球大战：原力觉醒》和《阿凡达》之后，《黑豹》成了美国有史以来票房第三高的电影"[9]。

这并不属实。《黑豹》确实是一部佳作，其所获得的成功也不容置疑。但它真的很可能算不上是美国有史以来票房第三高的电影[10]。

在关于电影票房的各种报道中，一个常见的问题就是它们通常采用的是未经调整的价格，但其实它们应该考虑使用调整后的价格。我敢打赌你现在为买东西而花的钱比五年前更多。同样，如果你在某一工作岗位上待了很多年，你的工资很可能也提高了。我的工资就涨了，从绝对值的角度上讲（名义价值），我的工资的确涨了；而从相对值的角度上讲（实际价值），也可以说我的工资并没见涨。原因就在于通货膨胀，尽管每月打进我账户的工资数额可能看起来变大了，但是感觉上它并没变多：我用工资能购买到的商品基本上跟三四年前一样。

历年周末最高票房纪录

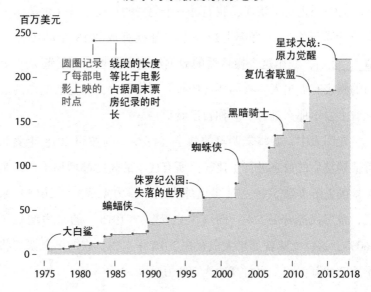

通货膨胀正是上面这类图表所要接受的挑战。这幅图的灵感来自于数据分析师和制图师罗迪·扎克维奇（Rody Zakovich）[11]，他使用来自 Fandango 电影网的数据绘制了图表，图中描绘了首映周末的最高票房情况（说明：罗迪对这幅图表的缺点了然于胸）。

这幅图显示的是公映后的第一个周末的票房纪录，而不是长期的总票房，因此，《黑豹》并没有位列其中。与你在社交媒体上看到的那些鼓吹新片打破了票房纪录的文章一样，这幅图也欺骗了你：它们往往没有考虑通货膨胀因素，所以它们展示的只是名义上的价值，而不是实际的价值。与电影票价只有 5 美元的时期相比，现如今电影票价涨到了 15 美元，电影当然更容易成为"票房最高的电影"。这就是为什么在众多电影票房的排行榜中，近期上映的电影总是独占鳌头，而老电影总是垫底。

为了纠正这个错误，我通过一个免费的在线工具（由美国劳工统计局开发）把每部电影的票房都换算成 2018 年的美元价值[12]。然后，我用这个换算后的数据绘制了图表，它看起来与上面的图表有点出入。首周票房的排名变化不大，但是老电影的表现看上去不那么难看了。你自己看吧：

在图表中，我将未调整的数字（红线）与按照 2018 年美元价值调整后的数字进行了比较。所有柱子的高度都增加了，但是增幅的差异非常大——对《星球大战：原力觉醒》（2015）来说，票房仅提升了 5%；而《大白鲨》（1975）的票房增长了 360%，这就意味着如果大白鲨在 2018 年上映，它的名义票房将不止 700 万美元，而将高达 3,200 万美元。

历年周末最高票房纪录

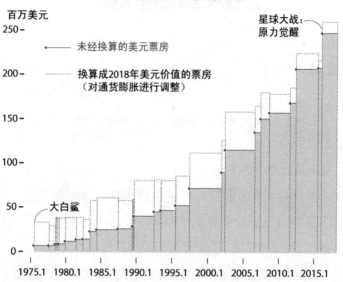

我不是影视制作经济学方面的专家，我只是电影和新闻爱好者而已，但是作为一名靠研究图表为生的教授和图表设计师，我着实认为这种单凭票房论电影成败的图表和报道有些空洞。如果我们不考虑电影产业业已发生的巨大变化，而强行把《大白鲨》和《原力觉醒》进行比较，这样是不是有失公允？更何况市场营销和宣传推广等因素也对票房起到很大影响。如果把每部电影上映时的影院数量等因素也考虑进去，结果又会怎样？

我无法回答这些问题，但我可以使用公开数据计算出每部电影在公映首个周末的院均票房（票房额除以影院数量），然后我再把院均票房换算成 2018 年美元价值：

历年周末最高院均票房纪录

（票房数据来源：票房Mojo）

这幅图让我浮想联翩，如果《大白鲨》（在 1975 年上映的时候全美只有 409 家影院）像《星球大战：原力觉醒》一样在 2015 年上映（此时全美有 4,134 家影院），会怎样？在影院数量几乎翻了 10 倍的情况下，《大白鲨》的首周末名义票房会不会也实现 10 倍的增长？从 3,200 万美元激增至 3.2 亿美元？谁知道呢？不过还有这样的可能性，现代电影院的容量比 20 世纪 70 年代的老电影院更小，我是指平均水平。所以，这又会引发新的问题！

还有其他一些标准可以用来衡量电影是否成功，比如利润（总票房与电影预算之间的差值）和投资回报率（电影的利润和预算之比）。像《阿凡达》、《复仇者联盟》和《星球大战：原力觉醒》这类电影的利润十分丰厚，但风险也相对较高，因为它们的制作成本和推广成本都相当之高。据估计，现如今花在电影营销上的经费已经和电影本身的制作成本一样高昂。2012 年迪士尼斥资 3 亿美元打造了一部名为《异星战场》的电影，期望它能一鸣惊人，然而它只收回了 2/3 的成本[13]。

有些电影的风险则小得多：通过参考一些信息来源[14]的内

容，我发现史上投资回报率最高的电影是《鬼影实录》，它的拍摄成本只有15,000美元（不包含市场营销费用），却疯狂吸金达2亿美元。哪部电影更成功呢？是《阿凡达》还是《鬼影实录》？这取决于我们选择哪种评价标准，以及我们如何权衡每笔投资的回报及其潜在的风险。

综合上述原因，我更新了一版图表。我计算了每部电影的预算——不包括营销成本——在公映后首个周末收回了多少票房：

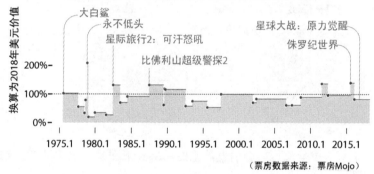

上映后首个周末票房占电影总预算的比例

（票房数据来源：票房Mojo）

《大白鲨》在上映的第一个周末就收回了全部预算，其他几部电影也是从一开始就赚得盆满钵满。最极端的例子是一部名为《永不低头》的电影——由克林特·伊斯特伍德（Clint Eastwood）和一只名叫克莱德的猩猩搭档出演，它上映首个周末就赚回了两倍预算。现在回想起来，我小时候还蛮喜欢这部电影的。

在设计图表这个问题上，哪种价值更重要，是名义价值（未调整的）还是实际价值（调整后的）？这要视情况而定。有时候，调整后的价值更重要。在对票房或者其他各类价格、成本、薪酬进行比较时，对不同时期的数值不加调整地直接进行比较是不合理的，正如上面关于票房的案例所示。如果想要理解一个名义数量，你还需要关注它对应的分母，特别是当你要对比两个名义数量而其对应的分母还有所不同的时候。

假设我从 A 比萨上拿了两块给你，而从 B 比萨上拿了三块给另一个人，我是不是厚此薄彼？这取决于每张比萨到底被分成了多少块：

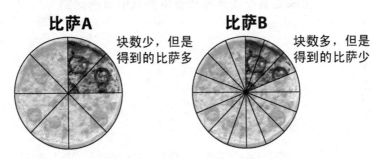

不考虑分母可能会引发严重的后果。下图是根据朱迪亚·珀尔（Judea Pearl）在其著作《为什么：关于因果关系的新科学》（*Why: The New Science of Cause and Effect*）中提供的虚构数据绘制的柱图：

珀尔的数据虽然是虚构的，但是却反映了 19 世纪那场真实的激烈争论——随着天花疫苗的普及，在支持普遍接种和反对普

遍接种的两派之间，对此数据产生了严重分歧。反对普遍接种的
一方对疫苗感到不安，因为接种会导致一些儿童对疫苗产生反
应，而这种反应有时会导致死亡。

这组数据看上去难免会令人产生警惕（"因疫苗致死的儿童
更多!"），而更应该警惕的是这组数据和图表并不足以帮你做出
是否要让自己的孩子接种疫苗的决策。如果要道出真相的话，我
得展现更多的数据才行，其中就包括分母是多少。下面这张分层
气泡图可以帮我们对这个案例进行更聪明的归因：

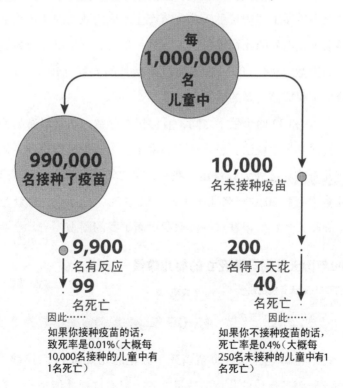

让我们用语言来表述一下这幅图表传递的信息：在我所虚构的这 100 万儿童中，假设有99%接种了疫苗。接种后产生反应的概率大概是 1%（99 万儿童中有 9,900 人）。产生反应的死亡率也是 1%（9,900 人中有 99 人）。但是因接种疫苗致死的概率只有 0.01%（990,000 名接种的儿童中死亡 99 人）。

另一方面，如果不接种疫苗，有 2% 的概率会患上天花（10,000 人中有 200 人患病）。而一旦你患病的话，有 20% 的概率会致死（200 名患病者中有 40 人死亡）。我的第一幅图表之所以看上去传递了"因接种天花疫苗产生反应而致死的儿童数量比因感染天花而死的儿童数量还多"这一信息，只是单纯因为接种疫苗的人数（990,000）远远超过未接种的人数（10,000）。而这恰恰是我应该揭露的事实。

在 40 和 99 两个数字之间，看似仍然存在一条难以逾越的鸿沟，我同意这个说法，但是让我们来用一个假设进行推理。假设没有儿童能够接种天花疫苗，我们已知 2% 会患病，也就是 100 万儿童中会有 20,000 名儿童染病；其中 20% 会死亡，也就是共计 4,000 人死亡。根据这一数据我更新了我的图表：

1800年因天花而导致死亡的婴儿数量

注意：虚构数据

| 因天花或接种天花疫苗致死的儿童数量 | 139 |
| 如果天花疫苗没有被广泛应用，将会有多少儿童死亡 | 4,000 |

139 是 40 名未接种疫苗而死于天花的儿童和 99 名接种了疫苗而死于疫苗反应的儿童的数量之和。只有这样才能把普遍接种

疫苗和完全不接种疫苗之间的对比揭示得更为真切。

———

　　在许多情况下，名义价值和调整后的价值都很重要，其原因各不相同。100 人（https：//www.100people.org/）是一个很棒的网站，它将许多公共卫生指标转换成百分比。在这个世界上，每 100 人中有 25 人是儿童，有 22 人超重，60 人是亚裔。而下面一组统计数据让我感到颇为乐观：

　　数据分析师阿坦·马夫兰托尼斯（Athan Mavrantonis）指出，还可以从另一个不同角度来解读这些数据：

　　哪幅图更好？答案是难分高下。两者是相互关联的。从相对的角度来讲，正在被饥饿折磨的人口比例比较小——而且这一比例还在不断缩小，这的确是事实；但是从绝对的角度讲，在 1%

这个数字的背后是 7,400 万人口，这也是事实。这个人口规模只略少于土耳其或德国的人口，大概相当于美国人口的 1/4。从这个角度讲，这张图看起来也说不上乐观，是不是？

几本最近出版的书籍对人类的进步给予了积极的评价。汉斯·罗斯林（Hans Rosling）的《事实》（*Factfulness*）和史蒂芬·平克（Steven Pinker）的《人性中的善良天使》（*The Better Angels of Our Nature*）以及《当下的启蒙》（*Enlightenment Now*）包含了一系列令人印象深刻的数据和图表，它们证实了这个世界的确正在成为一个更好的世界[15]。这些书籍以及它们获取数据的那些网站，比如"数据中的世界"（https：//ourworldindata. org），似乎昭示着我们很快就能实现联合国的 2015 全球目标倡议——该倡议希望在 2030 年能够实现"消灭贫困，对抗不平等，阻止气候变化"的目标。我认为以下这些根据世界银行数据绘制的图表传递了一些特别棒的信息：

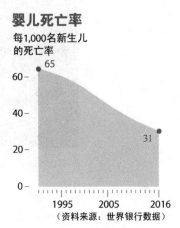

极端贫困
全球范围内每日收入不足1.9美元（按2011年的美元价值计算）的人口比例

婴儿死亡率
每1,000名新生儿的死亡率

（资料来源：世界银行数据）

1981 年，世界上每 10 个人中就有 4 个人生活在每日收入不足 2 美元的贫困线以下。2013 年，这个数字降到了每 10 人中只有 1 人。1990 年，每 1,000 名新生儿中有 65 名活不过 1 岁。到 2016 年，这个数字下降到了 31 名。

这是一个值得庆祝的成功故事。无论那些诸如联合国和联合国儿童基金会的各类组织机构通过与各种政府机构和非政府机构合作而推动了哪些举措，至少这些举措看起来是真的起作用了，而且应该是持续发挥作用。

然而，像这样的图表和数据可能会掩盖大量的隐藏在数字背后的人间疾苦。百分比和比率会麻痹我们的同理心。像 10.9% 这样的数字听起来很小，但是如果你能意识到这个比例意味着多少人——2013 年，10.9% 意味着 8 亿人——你就不会觉得它小了：

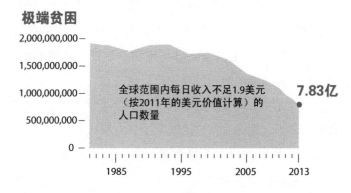

我认为在探讨人类进步这一问题时，如果只看百分比或者比率数据（全球人口的 10.9%）容易让我们过于自满，因为它使统计数据失去了人情味。有这种感觉的可不止我一个。《被算计的风险》（*Calculated Risks*）一书的作者，心理学家格尔德·吉仁泽（Gerd Gigerenzer）指出百分比让数字比它原本的感觉更抽象。我强烈建议不要只看百分比，要进一步看看百分比背后的那个原始数字，要让自己知道"那可是 7.83 亿人啊！"

无论是单纯展现调整后的数据还是单纯展现名义数据都不够充分。只有把它们放在一起时，它们才能给我们提供更丰富的信息，让我们更好地理解我们所取得的惊人进步——以及我们仍然面临的惊人挑战，全球近 8 亿人处于极端贫困水平，相当于美国 2016 年人口规模的 2.5 倍。贫困问题困扰着一个超级庞大的群体。

———

许多图表并没有展现相关的基线数据或者没有展现与所展现数据相反的信息，是因为如果展现了这些信息的话，就会扭转图表原本的意图。来看看维基解密的创始人朱利安·阿桑奇（Julian Assange）在 2017 年发表的这篇推特，他把发达国家的低生育率和对移民的高度依赖归咎到现代化的头上：

资本主义 + 无神论 + 女权主义 = 不育 = 移民。

欧盟的出生率 = 1.6。人口替换率$^{\ominus}$ = 2.1。默克尔、梅、马卡龙、真蒂洛尼都没有孩子[16]。

$\ominus$ 人口替换率是指为了使某个国家或地区的人口在出生与死亡上达到某种相对的平衡而测算出的比率。——译者注

阿桑奇提到的领导人是德国总理安格拉·默克尔、英国首相特雷莎·梅、法国总统埃马纽埃尔·马克龙，还有意大利总理保罗·真蒂洛尼。

阿桑奇用30多个欧洲国家的数据绘制了一幅表格，以此来表明他的观点。以下是根据阿桑奇的数据绘制的一张图表，图表看上去跟表格一样杂乱：

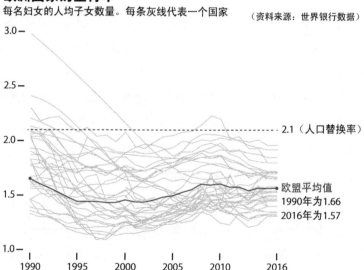

欧洲国家的生育率
每名妇女的人均子女数量。每条灰线代表一个国家　　　　　　（资料来源：世界银行数据）

阿桑奇犯了几个错误。首先，他的推文中用的是"出生率"（birth rate）一词，但是数据用的却是"生育率"（fertility rates）；这两个变量有一定的关联性，但是它们不是一码事。出生率是指

数据可视化陷阱

在某一特定国家和某一特定年度中，每 1,000 人中有多少新生儿。而生育率简而言之是指一名女性在一生中生育子女的平均数。假设一个国家中有一半的女性有 2 个孩子，另一半的女性有 3 个孩子，那么生育率是 2.5。

好吧，暂且先忽略这个错误，就让我们假设阿桑奇本来想在推文中用生育率这个概念。他用文字和数据表达了这样一个观点：在这些资本主义和世俗民主国家中生育率非常低——每名女性平均生育 1.6 个子女；而且这些国家的生育率距离人口替换率——让人口长期保持稳定而需要达到的下限，即每名女性生育 2.1 个子女——还有很大的差距，这些国家的领袖对此现状都难辞其咎。

阿桑奇的表格和我的图表很牛，因为它们达成了两个截然相反的壮举：一方面通过展现过少的数据来蒙骗读者，一方面又通过展现过多的数据来蒙骗读者——所谓数据过多至少是指数据对理解造成了障碍而不是提供了帮助。

让我们从后者开始。充斥着过多数据的表格和线条都交错在一起的图表（也就是我根据他的数据所绘制的那幅线条图），会让读者很难从中找寻到规律，也让人很难发现那些可能推翻我们初始观点的个例；譬如说，西北欧国家一般都相当世俗化，而且倡导性别平等，但是它们的生育率显著下降了吗？

我们可以把这些线条分开，而不是把它们统统塞进一幅图表中去，看看如果这样做的话会怎样：

欧洲国家的生育率，1990—2016

相比人口替换率（每名妇女平均生育2.1个子女）
注意：图中并非每个国家都是欧盟国家

欧盟	阿尔巴尼亚	奥地利	比利时	保加利亚	克罗地亚	塞浦路斯
3.0 / 2.1 / 0.0 （1990—2016）						

捷克共和国	丹麦	爱沙尼亚	芬兰	法国	德国	希腊

匈牙利	冰岛	爱尔兰	意大利	拉脱维亚	立陶宛	卢森堡

马其顿	马耳他	黑山共和国	荷兰	挪威	波兰	葡萄牙

罗马尼亚	斯洛伐克	斯洛文尼亚	西班牙	瑞典	瑞士	英国

（资料来源：世界银行数据）

看看丹麦或芬兰吧。它们的线条自1990年起几乎没有变化，而且它们的生育率与人口替换率的水平（2.1）非常接近。再来看看那些更宗教化的国家，如波兰和阿尔巴尼亚：它们的生育率下降得非常明显。然后，再注意那些大部分人口都称自己是基督徒的国家，如西班牙和葡萄牙：它们的生育率与人口替换率相去甚远。

这让我不禁猜测：导致这些国家生育率变化的主要因素并非阿桑奇所宣称的宗教信仰或女权主义，考虑到这些国家近二三十年都没有经历过战争或灾难，或许其经济和社会结构的稳定才是

症结所在。例如，西班牙、意大利、葡萄牙等欧洲西南部国家的
失业率处于历史高位，而薪酬水平却很低；人们想要拖延或放弃
养育子女可能仅仅是因为他们养不起孩子。诸如阿尔巴尼亚、匈
牙利、拉脱维亚、波兰等前独联体国家，生育率在20世纪90年代
早期出现骤降可能与苏联在1991年解体并向资本主义过渡有关。

阿桑奇在他的推特中指出：移民可能有助于提高生育率或减
缓国家老龄化的速度，这看似是正确的，但要想要证明这个结论
我们需要更多的证据。阿桑奇的表格和我基于此绘制的图表都不
足以证明这一结论，因为它们没有显示足够的数据，也没有给出
充分的背景信息。它们都在避重就轻。生育率下降不仅仅发生在
世俗国家，而是发生在世界的几乎每一个角落，无论宗教国家还
是世俗国家都是如此。

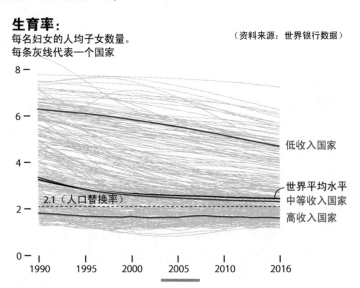

生育率：
每名妇女的人均子女数量。
每条灰线代表一个国家

（资料来源：世界银行数据）

低收入国家

世界平均水平
中等收入国家
高收入国家

2.1（人口替换率）

在结束本章之前，让我们回到关于"名义价值及未经调整的数据"与"比率和百分比"之争的探讨。你知道吗？全美肥胖最为严重的地方是洛杉矶县（加州）、库克县（伊利诺伊州）和哈里斯县（得克萨斯州）。

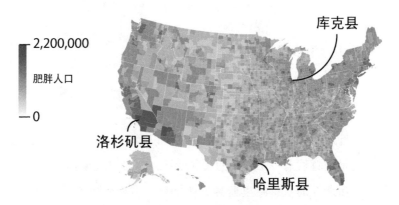

巧的是，这些地方恰好也是美国最穷的地方：

看来贫困和肥胖之间的关系一目了然——然而，情况当真并非如此。以下是一张县级人口数量地图：

库克县

洛杉矶县

哈里斯县

肥胖人口数量与贫困人口数量之所以密切相关，只是因为这两个变量的背后有一个共同的关联变量，即人口规模：库克县是芝加哥市所在的县，哈里斯县有休斯敦，洛杉矶更不必解释了。以下两张地图是将人口数量换算成百分比后绘制的：

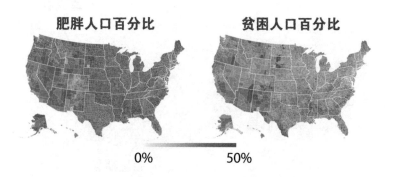

变化很大，不是吗？在肥胖和贫困两者之间似乎仍然存在一种模糊的关系，但是这种关联比前述的关系要弱很多。而且

诸如洛杉矶县一类的县肯定排不上榜。洛杉矶之所以有这么多穷人和肥胖人口，是因为它的人口基数非常庞大。用颜色的深浅来表征数据的地图，即分级统计地图（choropleth map）——来自希腊语单词 khōra（地方）和 plēthos（群众或众多）——更适用于展现调整后的数据，如肥胖者和穷人的百分比。但是用它来表征原始计数就不那么好使了，如果用它来展示原始计数，它其实只能反映其所描绘地区的人口规模。

我们可以用另一种方式来进行数据视觉化——通过散点图来展示数据。以下两幅图中，第一幅图展示了在未对人口规模进行调整的情况下，肥胖和贫困之间的关系；第二幅图展示了百分比口径下的两者之间的关系。

密西西比州的克莱本县是肥胖率最高的县（在其 9,000 户常驻居民中 48% 属于肥胖），而南达科他州的拉科塔县的贫困率最高（在其 13,000 户常驻居民中 52% 挣扎在贫困线以下）。洛杉矶县、库克县和哈里斯县的肥胖率在 21%～27% 之间，而贫困率在 17%～19% 之间，在下面第二张图表中，它们位于左下象限。

这个例子说明，未经调整的数字和调整后的数字都很重要；毕竟，洛杉矶的穷人有将近 200 万之多，不容小觑。但是如果你的目的是想对县级数据进行比较，那么需要使用调整后的数字。

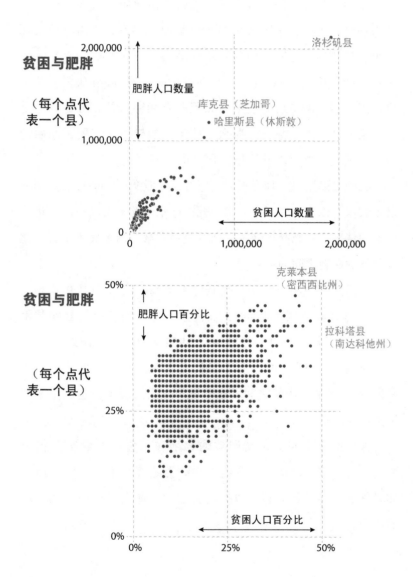

贫困与肥胖

（每个点代
表一个县）

2,000,000

肥胖人口数量

洛杉矶县

1,000,000

库克县（芝加哥）
哈里斯县（休斯敦）

0

贫困人口数量

0   1,000,000   2,000,000

贫困与肥胖

（每个点代
表一个县）

50%

肥胖人口百分比

克莱本县
（密西西比州）

拉科塔县
（南达科他州）

25%

0%

贫困人口百分比

0%   25%   50%

第五章

陷阱之四：隐藏或混淆不确定性

想要不说谎，图表必须精确；但有时候，太过精确也不利于理解。

数据往往具有不确定性，而这种不确定性应该被披露出来。忽视不确定性可能会导致推理错误。

———

2017 年 4 月 28 日上午，我打开了一份《纽约时报》，看到了布雷特·斯蒂芬斯（Bret Stephens）为"观点"专栏撰写的第一篇评论文章。斯蒂芬斯是一位很吸引人的保守派专栏作家，纽约时报把他从《华尔街日报》挖了过来，以此来丰富评论员团队意识形态的多元性。

斯蒂芬斯在《纽约时报》亮相的首篇文章题为《完全确定的气候》[1]（Climate of Complete Certainty）[1]，其中的一些言辞听上去非常悦耳："在我们生活的这个世界中，数据意味着权威。但是权威会引发确信，确信又会滋生盲目的傲慢。"只可惜，文章的其他部分就没这么令人印象深刻了。随后，斯蒂芬斯在专栏文章中抨击了人们对气候变化的科学基础的人云亦云，但是他的论点很诡异。例如，他这样写道（重点）：

> 读过联合国政府间气候变化专门委员会（Intergov-ernmental Panel on Climate Change）在 2014 年发布的报告的人都知道，自 1880 年至今地球温度有小幅上升（0.85 摄氏度，约 1.5 华氏度），这是毋庸置疑的事实，另外人类对全球变暖的影响也是板上钉钉的；但是许多其他所谓的"公认事实"实际上只取决于概率。对于各种气候模型和模拟结果来说更是如此：科学家试图通过这些模型来窥探气候变化的未来趋势，但是这些模型本身既复杂又不靠谱。这么说并不是要否认科学，而是要诚实地还原科学真实的面目。

我们马上就会讲到那些"不靠谱的模型和模拟"。但是眼下，让我们先把目光聚焦到下面这句话——全球变暖 0.85 摄氏度是"小幅上升"。这听起来没毛病。如果气温从 40 摄氏度升到 40.85 摄氏度，我不觉得有什么人感觉出来这种气温的上升，因为这两个温度感觉起来一样热。

然而，现在大概每个公民都知道**天气**（weather）不等于**气候**（climate）。政客们会说他们那里还下着大雪，所以气候变化不是真命题。但是他们这么说要么就是在愚弄你，要么就是对小学程度的科学常识一无所知。如果我们能够放眼历史，以恰当的视角看待 0.85 摄氏度的气温上升，就会发现史蒂芬斯所谓的"小幅上升"其实幅度一点都不小。

与斯蒂芬斯的观点相反，0.85 摄氏度的气温上升绝对不是

"小幅上升"。仅仅在过去的一个世纪，我们就见证了气温 0. 85
摄氏度的提升，而历史上经历这个幅度的气候变暖要历时数千
年。在过去的 2000 年中，温度从未发生过这么急剧的变化：

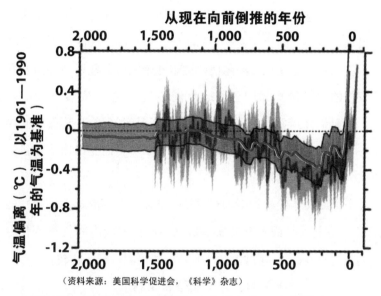

（资料来源：美国科学促进会，《科学》杂志）

所以说，根本不存在所谓的"小幅上升"这种说法。

再来看斯蒂芬斯的第二个观点，所谓"不靠谱的模型和模
拟"，他补充道：

> 对科学的全盘肯定实质上是对科学精神的否定，而
> 一旦关于气候的断言被证明有误，就会为怀疑的渗入创
> 造机会。有些人倡导对公共政策进行生硬且代价高昂的
> 调整，这难免会引发对其背后的意识形态意图的质疑。

在抽象的层面上，以上这段话听起来似乎是不错的建议，但
当我们把它应用到现实中时，就不是这么回事儿了。首先，气候

模型不仅相当准确，而且在许多情况下我们得承认模型甚至有点过于乐观了。

地球正在迅速变暖，冰盖正在融化，海洋正在扩张，海平面正在上升，这些问题可能很快就会让南佛罗里达等地区的生活变得艰难。目前，即使在天气好的时候，迈阿密湾区的洪水也已经来得更频繁。这些现实问题使得城市开始探讨那些斯蒂芬斯非常不信任的"代价高昂的公共政策调整"，包括：安装巨大的水泵，甚至抬高道路。这种对话并非基于某种"意识形态"的科学——自由主义的科学或保守主义的科学——而是以历历在目的事实为依据进行的探讨。

下面是哥本哈根诊断项目（Copenhagen Diagnosis project）的图表[2]。它将海平面上升的实际数据与联合国政府间气候变化专门委员会（IPCC）在过去对此所做出的预测进行了比较：

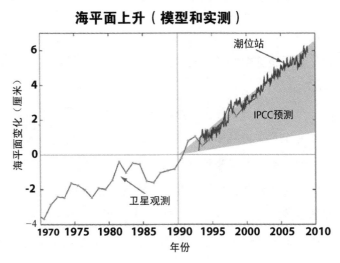

海平面上升（模型和实测）

灰色区域是 IPCC 的预测范围。科学家们在 20 世纪 90 年代预测至 2010 年海平面将上升 1. 5 ~ 6. 5 厘米。卫星观测——不是"不靠谱的模型和模拟"，而是实际观测——证实：实际上最悲观的预测结果成了现实。气候模型在过去没出过错吗？绝对出过错；科学毕竟不是教条。但是尽管如此，模型的大部分预测结果都是正确的。

最后，斯蒂芬斯在他的《纽约时报》专栏首秀中还漏掉了一个关键点：即使数据、模型、预测和模拟都具有极高的不确定性——气象学家们一直在他们的图表中披露这种不确定性——但是它们却全都无一例外地指向了相同的方向。

如果你非常乐观，那么目前根据有效的证据能做出的最好的预测就是 2100 年全球气温会升高 1℃（这是全球气温升高幅度的下限）。虽然只有 1℃，但是这已经称得上是气温的大幅上升了；不过事情还有可能更糟，至 2100 年时，气温有可能上升 2℃甚至更多。的确存在一种可能性，即我们在未来有可能会见证气候并没有进一步变暖，但是全球气温上升 2℃以上的可能性与前者一致。如果全球气温上升 2℃，那么未被水淹没的土地面积将进一步缩减，与此同时受到极端天气（从可怕的飓风到毁灭性的干旱）的影响，地球的宜居性也会随之进一步降低。

我不禁想打个比方来说明这个问题：假如我们讨论的不是气象预报，而是你将来罹患癌症的概率，假如预测结果是由一些来自世界各地的独立的肿瘤专家小组计算出来的，我敢说你会立马采取各种预防措施；你绝不会因为预测结果是不完美的——因为它是基于"可能会错的模型"得出的——就忽视预测结果。所有的模型都有可能出错,都是不完全的、不确定的,但是如果所有模型都在暗示同一个结果,尽管这些结果之间存在差异,你也应该对这一结果更加确信。

斯蒂芬斯所探讨的是为了防止全球变暖而对公共政策进行代价高昂的调整是否值得,我完全赞成对这一论题进行探讨,但是对话的前提是,我们必须首先读懂图表并理解它们所暗示的未来。好的图表可以帮助我们做出更明智的决策。

布雷特·斯蒂芬斯的专栏是一个很好的案例,它提醒我们,在处理数据时,我们必须考虑到估算和预测结果的不确定性,然后才能决定这种不确定性是否应该改变我们的感知。对于以下这样的民意调查结果,我们通常会觉得习以为常:

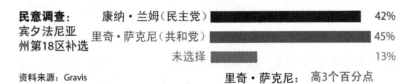

然后,当我们看到最终结果是以下这个样子时,我们要么会感到惊喜,要么会感到沮丧——这取决于我们对候选人的倾向性:

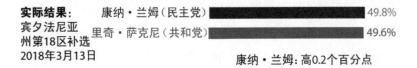

这个案例对比了民意测验和补选的最终结果之间的差异，我们可以用这个案例来说明一个问题——在所有的图表背后都隐藏着两种不同类型的不确定性：一种很容易计算，另一种很难评估。让我们先说容易计算的这种。这些图表并没有告诉我们，任何估测都是被裹挟在误差之中的——虽然在研究的描述中可能提到过这一点。

在统计学中，"误差"（error）不是"错误"（mistake）的同义词，更贴切的说法是"误差"是"不确定性"（uncertainty）的同义词。误差的意思是：无论图表或者论文看起来有多么精准——比如精准到"这个候选人会获得54%的选票""这种药在95%的情况下会对76.4%的患者有效""这个事件发生的概率是13.2%"——我们做出的任何估测通常都是可能值所处范围的一个中间点。

误差有很多种。一种是边际误差（margin of error），这种误差很常见，就像民意调查中的不确定性一样。边际误差是置信区间（confidence interval）的两个要素之一，置信区间的另一个要素是置信水平（confidence level），置信水平通常是95%或99%，不过它也可以是任意百分比值。当你读到某项民意调查、科学观测或实验估测值是45（45%、45个人或者45个什么东西），并且报告说在95%的置信水平上边际误差是正负3，你应该在头脑中把科学家或民意调查员的这句话转换成这样一种通俗的说法：我们使用了尽可能严谨的研究方法，所以我们有95%的信心相信我们预测的结果会在42到48之间，也就是在45±3的范围内，以上是我们的最优预测。我们不能确定我们得到了正确的估计值，但我们有理由相信，如果我们用同样严格的方法进行多次民意调查，95%的结果会在边际误差范围之内。

因此，每当你看到一张图表附带着某种程度的数据化不确定性，你必须强迫自己像下图这样去看待这幅图表，同时还要记得最终的结果仍然有可能大于或者小于给出的预测范围。渐变色区域代表了置信区间的宽度，在本案例中置信区间是预测值 ±3 个百分点。

大多数的传统图表——如柱状图或线形图——可能会误导读者，因为它们看起来是如此的准确和精准，柱子和线条的边界让其所代表的数据看起来清晰而确切。但是我们可以通过在头脑中模糊图表的界限来教自己克服这个设计上的缺陷，特别是在估算值彼此非常接近以至于其不确定区间彼此交叠的情况下我们更要这么做。

在我的第一幅图表中，还有另一个带来不确定性的因素：在进行民意测验时那 13% 犹豫不决的人。这是一个不受控制的因素，因为很难估算这 13% 的人最终投票给两名候选人的比例将是多少。这个问题也不是没法解决，但是解决的过程会牵涉你所调查人群的各种权重因素，比如种族和民族构成、收入水平、过去的投票规律，以及其他因素——这会涉及更多的预测及其所附带的更多不确定性！此外还有一些因素会带来不确定性，不过这些因素更难预测甚至不可能被预测，这些因素包括：用于生成或收集数据的方法是否足够完善，研究人员可能抱持的偏见对计算的影响，以及其他因素。

————

人们一厢情愿地认为科学和统计应该挖掘出准确的真相，而一旦人们发现科学和统计产出的是不完美的、需要调整和更新的估测值时，这种不确定性就会令大家困惑不已。（科学理论经常被推翻；不过，如果一个理论被反复验证，那么它很少会被彻底驳倒。）我无数次地听到我的朋友和同事为了结束一段对话而说出这样的话："数据是具有不确定性的，我们不能说某种见解是对还是错。"

我认为这么说也有些过激。所有的估测值都具有不确定性并不意味着所有的估测值都是错误的。你还记得吧，"误差"不一定意味着"错误"。我的朋友统计学家希瑟·克劳斯（Heather Krause）[3] 曾经告诉我，专家们在谈论数据不确定性时所使用的一个不经意的措辞就可以改变人们的看法。她的建议是把"这是我的估测值，这是估测值的不确定程度"换一种说法，换成"我可以很自信地说，这就是我想要测量的对象的估测值，但是实际情况可能会在这个范围内浮动"。

如果要基于某一次的民意调查或者某一项特定的科学研究结论形成观点，我们必须慎而又慎；但是如果几项调查或研究结果均证实了类似的结果，我们就可以对此结论更有信心。我喜欢读各种关于政治和选举的东西，有一句箴言我常记心间：任何单次的民意测验结果都是噪音，但是多次民意测验结果的平均值很可能是有意义的。

在阅读有关失业、经济增长以及其他各类社会指标的文章时，我也会遵循类似的原则。通常，某一周或某一个月的变化可能不值得你注意，因为它可能来源于事实的内在随机性：

如果把图表缩小来看它的长期数据，你会发现趋势与短期数据恰好相反，失业率自 2009 年和 2010 年触顶后就一直在持续下降。尽管下降过程中有一些小插曲，但是整体趋势可以说是稳步下降无疑：

即使图表上展示了置信情况和不确定性，它们也可能会被误读。

我热爱巧合。就在我撰写本章的这天——2018 年 5 月 25 日——国家飓风中心（National Hurricane Center，NHC）宣告亚热带风暴阿尔贝托正在大西洋海域形成并逼近美国。NHC 通过媒体发布了以下内容："阿尔贝托正漫步于加勒比海西北部""阿尔贝托今天早上有点不在状态"。由于这个热带风暴跟我同名，于是，我的朋友们纷纷把这些 NHC 的发布作为段子转发给我。好吧，我当然不在状态了，我今日份的咖啡还没喝到位呢。

我访问了国家飓风中心的网站，看了一些预报。来看看下面这张图，它绘制出了那个与我同名的风暴的可能路径。对于住在南佛罗里达的人来说，在每年 6 月到 11 月的飓风季，我们对报纸上、电视里、网站上发布的这类图像见怪不怪：

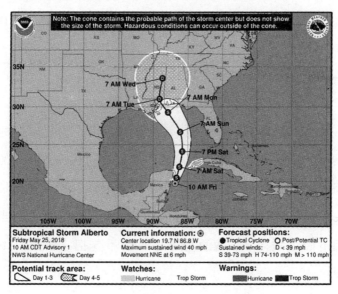

多年前，我在迈阿密大学的朋友，气候和环境科学专家肯尼·布罗德（Kenny Broad）和莎兰·马宗德（Sharan Majumdar）告诉我几乎每个人都会误读这类地图，这令我大开眼界。现在我们共同参与了由我们的同事芭芭拉·米莱特（Barbara Millet）教授牵头组织的一个跨学科研究小组，我们致力于改善风暴预测图[4]。

位于地图中心的甜筒形区域通常被称为不确定甜筒形区（cone of uncertainty）。一些南佛罗里达的家伙则更喜欢用"死亡甜筒"这个词，因为他们认为甜筒区代表的是可能会受到风暴影响的区域。虽然图像顶端明确地写着"甜筒区域包含风暴中心的可能路径，但是没有显示风暴的规模，甜筒区域外的地区也可能发生气象灾害"，但是他们还是把这个甜筒区域想象成风暴自身的范围或是风暴可能破坏的区域。

甜筒区域上部的点区代表风暴将会在未来 4~5 天到达的区域，但是有些读者却误认为它代表降雨区域。

为什么这么多人会对图像存在误解？有一个比较好的理由是在风暴本身的形状和甜筒区的形状之间存在着较高的图像相似度：由于强风使云在其中心形成涡旋，飓风和热带风暴几乎都是圆形的，而甜筒区的尾端也是半圆形的。每当我看到不确定甜筒区，我总得强迫自己不要把它看成以下这幅图：

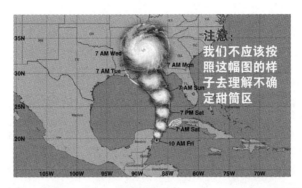

记者们也会被不确定甜筒图误导。当 2017 年 9 月飓风艾玛（Irma）逼近佛罗里达州时，我记得听到一位电视主持人说，迈阿密可能会虎口脱险，因为不确定甜筒区在佛罗里达州的西海岸，而迈阿密位于佛罗里达州的东南部，所以说它在甜筒区的边界之外。这种对地图的误读是很危险的。

如何才能正确地解读不确定甜筒形区域？这可能比你想象的还要复杂。首先要记住一个基本原则：甜筒区以简化的形式展现了风暴中心的各种可能路径的范围，其中的最佳估计值就是中间的那条黑线。当你看不确定甜筒区时，你应该想象下图这样的画面（所有的线条都是虚构的）：

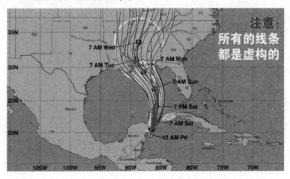

为了描绘甜筒区，NHC 的科学家们需要先用各种数学模型来预测当前风暴的未来走向，并把各种模型的结果结合在一起，形成一些虚拟的线条。下面这幅图阐释了绘制甜筒区的五个步骤，其中第一步（1）介绍的就是综合各模型结果这一步骤。接着，预测专家们基于对不同预测模型的信心，对未来五天风暴中心的位置做出自己的预测（2）。

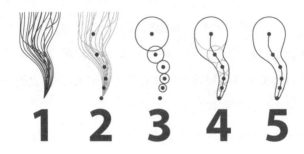

之后，他们以每个预测点的位置为圆心画圆，且圆圈的大小递增（3）。这些圆圈代表了 NHC 对这些预测位置的不确定性，这个不确定性是近五年来所有风暴预测的误差的平均值。最后，科学家使用计算机软件形成一条可以连接所有圆圈的平滑曲线（4）；这个曲线就是我们得到的甜筒形区域（5）。

即使我们能在脑海中把地图想象成一盘螺旋状的意大利面，这幅图仍然不能告诉我们哪些地区会遭遇强风。要想找出这些信息，我们需要在脑海中把风暴规模的图像覆盖在已经形成的图像之上，然后我们脑子里的那个图像可能看起来像棉花糖一样：

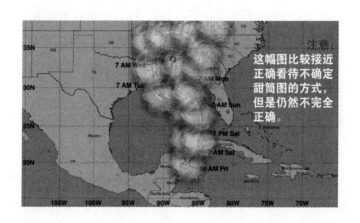

此外，我们可能会想："甜筒区总能包含风暴的真实路径吗？"换句话说，天气预报员是否在告诉我，当一个类似的风暴经过时，在风力风向、洋流和气压等条件相同的情况下，在100次预测中，风暴的实际路径每次都落在甜筒形不确定区域内？

以我对数字的了解来说，这种假设不成立。我的假设是这样的：在100次预测中，有95次风暴的实际路径落在甜筒形不确定区域内，而甜筒形中间的那条线是科学家们预测的最佳拟合路径。但是，偶尔我们会遇到反常的风暴，由于条件出现了剧烈变化，风暴中心可能最终会超出甜筒形区域：

所有接受过科学、数据、统计方面专业训练的人可能都会做出这样的假设。不幸的是，他们都错了。根据预测热带风暴和飓风路径的成功率我们了解到，甜筒形区域只在 67% 的情况下包含了风暴中心位置，而不是 95%！换句话说，在碰到我的同名飓风这样的风暴时，有 1/3 的机会风暴中心的路径可能会在甜筒形区域的两条边界之外：

如果我们想要让甜筒形区域覆盖 95% 的风暴中心可能路径，这个甜筒会变宽许多，可能它看起来会是这个样子：

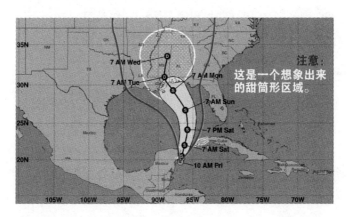

如果在此基础上再加上风暴的规模以拟合出一幅更精确的图像来表明哪些区域会受到风暴的影响，那么得出的结果肯定会招致公众的嘘声："哼，这个风暴无所不往啊！科学家们什么都不知道！"

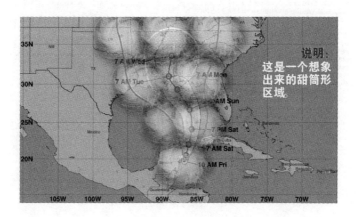

我在前几页就已经对这种虚无主义发出过警告。科学家的确知道不少东西，他们的预测往往是相当准确的，而且他们还在不断进步。他们正在用一些世界上最大的超级计算机来运行这些预测模型，而且模型正在不断改进。只不过模型毕竟是模型，它不可能是完美的。

预测者总是宁愿因谨慎而犯错，也不愿因过于自信而犯错。如果你知道如何正确地解读不确定甜筒形地图，它可能会帮助你做出能够保护自己、家人和财产的决定，不过前提是你需要将它与国家飓风中心发布的其他图表结合在一起看。比如说，2017 年 NHC 发布了一个页面，展示了与风暴有关的所有"关键信息"：

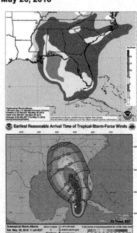

Key Messages for Subtropical Storm Alberto
Advisory 5: 11:00 AM EDT Sat May 26, 2018

1. Regardless of its exact track and intensity, Alberto is expected to produce heavy rainfall and flash flooding over western Cuba, southern Florida and the Florida Keys. Rainfall and flooding potential will increase across the central U.S. Gulf Coast region and over much of the southeastern United States beginning Sunday and will continue into next week.

2. Tropical-storm-force winds and hazardous storm surge are possible along portions of the central and eastern U.S. Gulf Coast beginning on Sunday, including areas well east of the track of Alberto's center, and tropical storm and storm surge watches are in effect for portions of these areas. Residents in the watch areas are encouraged not to focus on the details of the forecast track of Alberto and should follow any guidance given by their local government officials.

3. Dangerous surf and rip current conditions are affecting portions of the Yucatan Peninsula and western Cuba and will likely spread along the eastern and central U.S. Gulf Coast later today and tonight.

For more information go to hurricanes.gov

该页包含一张以英寸为单位的可能降雨量地图（右上方），另一张是"热带风暴引发的强风的最早到达时间"（右下方），这幅图还展现了遭遇强风的概率——颜色越深，概率越大。

根据每个风暴的不同特征，NHC 在关键信息页面上收录了各种不同的地图。例如，如果风暴接近沿海区域，NHC 可能会收录显示风暴引发潮水和洪水的概率地图。下面以一幅虚构的 NHC 提供的地图作为例子（如果用全彩呈现效果更佳）[5]：

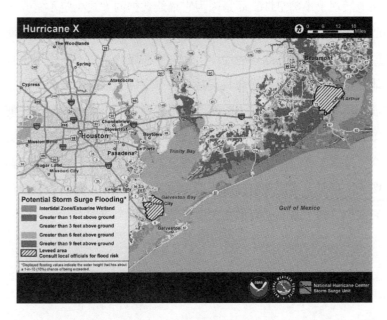

你可能已经注意到了，这些图像的视觉效果并不完美，用黑白色替代彩色效果并不太理想，而且图中使用的色调标签有时有点模糊不清。但是，在面临一场风暴的时候，与其只参考甜筒图，我们不如把这些图和甜筒图放在一起来获取更多有用的信

息，进而帮助我们做出更好的决策。

　　我不知道为什么，这些附加的预测图表很少出现在新闻中，特别是极少出现在电视上。我猜记者们之所以对甜筒图青睐有加，是因为它看起来简单、清晰、容易理解——尽管实际上并没那么好理解。

━━━━

　　对很多人来说，不确定性甜筒图具有欺骗性并不是因为它错误地展现了不确定性，而是因为它描绘数据的方式决定了它并不适合普通公众来阅读。虽然，每一个公民都可以通过访问国家飓风中心的网站来查阅这些地图，而且新闻媒体也在不断引用这种地图，但是它的目标受众其实是业内专家——训练有素的应急管理人员和决策者。我认为甜筒图恰恰体现了一个关键原则：任何图表的成败与否不仅取决于它的设计者，同时也取决于它的受众，取决于受众的图形能力或者图形素养。假如我们看到了一幅图表，但是又不能理解其中所揭示的规律，那么这幅图表就会误导我们。接下来，让我们把关注点转移到这个难题上。

陷阱之五：暗示具有误导性的规律

好的图表的作用在于它们有助于梳理数字的复杂性，使数字更加清晰、更有条理。然而，图表也有一些副作用，它能让我们从中发现一些可疑的、虚假的、误导性的规律和趋势。特别是人的大脑本身就有一种"对所见进行过度解读"的倾向，而且人的大脑总是试图印证与我们信念相符的内容，当图表遇到人脑的这种倾向性，其暗示误导性规律的作用更会被放大。

著名统计学家约翰·图基（John Tukey）曾写道："一幅图像最大的价值就在于它能迫使我们注意到一些出乎自己意料的事情"[1]。好的图表能够揭示现实，而且这些现实如果没有图表的帮助可能会被我们忽略掉，这正是图表的价值所在。

然而，图表也有可能会迷惑我们，让我们察觉到一些无意义的或是有误导性的特征。举个例子，你是否知道，抽烟抽得越多人活得越久？数十年来的证据证实吸食烟草——尤其是香烟——危害健康，而数据却与此经验截然相反，你可以看下面这幅图表，它是根据世界卫生组织和联合国[2]发布的公开数据绘制的。

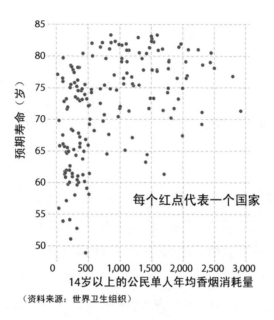

（资料来源：世界卫生组织）

　　如果我是一个烟民，这幅图表可能会安抚我内心的不安。烟草不会缩短寿命！尽管这听起来像是天方夜谭，但是它可能是真的！然而，我对这幅图表的解读恰恰与读图过程中常见的一些挑战密切相关，这些挑战包括：相关与因果之间的关系，合并悖论（amalgamation paradoxes）的作用，以及生态谬论（ecological fallacy）。让我们来一一认识一下它们[3]。

　　这幅散点图上的数据并没有错，错的是我对图表的描述（"我们消耗的香烟越多就能活得越久"）。对图表内容进行正确的描述是至关重要的。这张图表所展示的内容无非是：在国家的层面上，在吸烟量和预期寿命之间存在正相关关系，反之亦然。但是这并不意味着吸烟能延长寿命。这个例子以及其他我们马上就会看到的案例应该带给我们相应的启示，我们可以以此来明确图表解读的核心规则：

图表只体现了它所展示的内容，不要添油加醋。

我在第一章中解释过，"相关性不能等同于因果关系"，这句老生常谈的原则在基础统计学课程中被反反复复地提及。如果能够在现象之间发现因果关联，那么相关性往往是通往新大陆的第一条线索，但是尽管如此，经典统计学的这句至理名言仍然具有不容否认的智慧。这句话同样适用于本案例，因为可能还有一些我尚未注意到的其他因素会同时影响吸烟量和预期寿命。以富裕程度为例：富裕国家的居民往往更长寿，因为他们通常能享受更好的饮食和医疗服务，而且成为暴力或战争受害者的可能性也相对更低。另外，他们能负担得起更多的香烟。富裕程度可能是这幅图表中的一个混杂因素（confounding factor）。

在我前述的三个挑战中，后两个挑战是合并悖论和生态谬误，它们二者是息息相关的。生态谬误是指试图去根据某个个体所属的群体特征来了解其个体特性。我已经在前面提到过这个谬误了，我以自己为例说过这个问题：尽管我出生在西班牙，但我完全不是你想象中的那种常规的西班牙男性。

某个国家的人民吸烟很多却仍然很长寿，并不意味着你或我作为个体可以在抽很多烟的情况下仍然活得很久。分析的层级——个体层级 vs. 群体层级——不同，其所需要的数据集也会不同。如果我是为了研究群体——比如说本案例中的国家——而创建并归结了我的数据，那么如果我们想了解更小的群集——国家的某些地区或城市，或者如果我们想要研究生活在这些地方的个体，那么上述数据的有效性就会非常有限。

这就是合并悖论的由来。这一悖论的事实基础是：随着对数据的合并或细分，其所呈现出的规律或趋势也会随之消失甚至出现反转[3]。

考虑到富裕程度可能是我第一张图表中的一个混杂因素，让我重新画一幅图，图中用不同的颜色分别标识高、中、低收入国家：

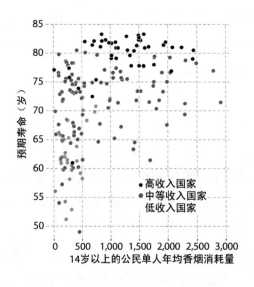

由于不同收入水平的国家相互交叠，导致图表看起来相当凌乱，那么让我们按收入来把这些国家区分开来：

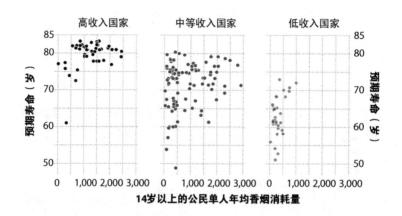

这样一来，在吸烟量和预期寿命之间看似存在的正相关性就不那么明显了，是吧？相对贫穷的国家在预期寿命上具有很高的变异性（纵轴），但是就平均而言他们的吸烟量不算高。中等收入国家在预期寿命和吸烟量两个变量上的变异性都很高，而两个变量之间的关联性很弱。高收入国家普遍总体预期寿命也较长（它们的点在纵轴上的位置相对较高），但是吸烟量（横轴）却多寡不一：即有些国家吸烟量很高，有些国家吸烟量很低。

如果我们进一步根据地理区域对数据进行细分，规律会变得更加难以捉摸。现在看来，之前在吸烟量和预期寿命之间存在的强正相关关系似乎变得非常微弱，甚至可以说是完全不存在：

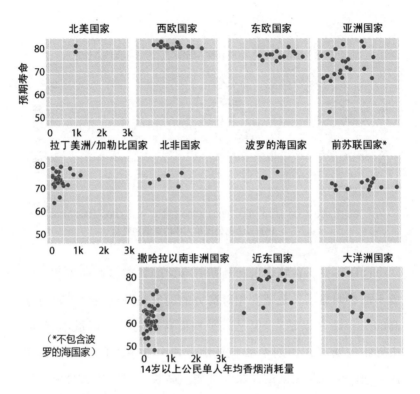

如果我们能把每个国家再按其组成部分细分——大区、省、市、社区——直至细分到个体，那么这种相关性就会进一步消弭。随着细分的不断深入，吸烟量和预期寿命之间的相关性会随之进一步下降，直至相关系数由正转负：当我们对个体进行观察的时候，我们会发现吸烟的影响是负面的。下面的图表是根据一些不同的信息源数据绘制的[4]，它对个体从40岁起的存活率进行了比对。注意，对于那些从来不抽烟或者在数年前成功戒烟的人来说，有50%的人能活到80岁高龄，而吸烟者中只有略多于

25% 的人能活到这个岁数。综合几项研究的结果来看，吸烟会使寿命缩短 7 年左右（这种描述生存时间的图表被称为 Kaplan – Meier 生存分析图）：

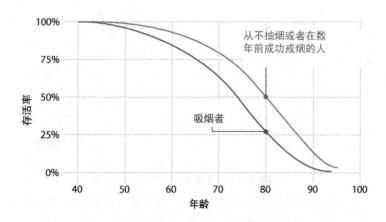

因对数据在不同层级进行整合而产生的矛盾数不胜数，而这些矛盾会把我们推向错误的归因。生物学教授杰里·科因（Jerry Coyne），也是著作《为什么要相信达尔文》（*Why Evolution Is True*）的作者，在自己的著作同名网站上发表过一些博客，探讨了幸福感与宗教虔诚度的关系及其与其他健康指标之间的关系[5]。

这里有一幅散点图，对各个国家中声称宗教对自己的生活非常重要的人口百分比（基于 2009 年的盖洛普调查）与这些国家的幸福感指标（由联合国为其全球幸福感报告测算的数据）之间的关系进行了总结：

数据可视化陷阱

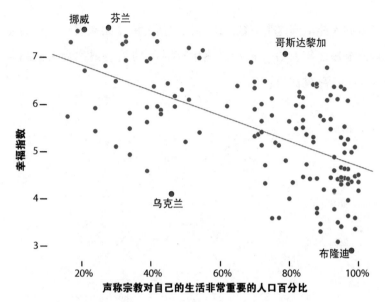

这两个变量之间存在较弱的负相关：总的来说，一个国家的宗教虔诚度越高，它的人民就越不幸福。这种关联性是显而易见的，不过也有不少例外。例如，乌克兰的宗教虔诚度不高，但是它的幸福指数也很低，哥斯达黎加的虔诚度蛮高的，但是它的人民也觉得非常幸福。

幸福指数与平等和健康呈正相关。国家越平等，国家中吃饱穿暖且身体健康的居民越多，这个国家的幸福指数通常就会越高。平等和幸福是正相关的，而且平等和幸福都与宗教虔诚度成反比：一个国家越是不平等，人民就越不幸福，声称宗教对自己的生活非常重要的人口百分比也越高。

即使我们把数据进行拆解，从国家的水平拆分到区域的水平来研究这一关系，宗教虔诚度和幸福与健康指标之间的负相关关

184

系仍然存在。盖洛普的数据让我们可以将以下的数据进行对比：
1）美国各州中认为自己宗教虔诚度很高的人口占比；2）对本州
的总体健康和生活满意度打分，这个打分是通过对一些有关因素进
行加权计算出来的，这些因素包括：可负担的医疗保险普及度、饮
食质量、运动量、社区意识和公民参与度[6]（详见下图）。和所有散
点图一样，这幅图表也有例外：西弗吉尼亚州在宗教虔诚度的分布
中处于中等水平而幸福水平却很低；而犹他州在这两个方面都很高。

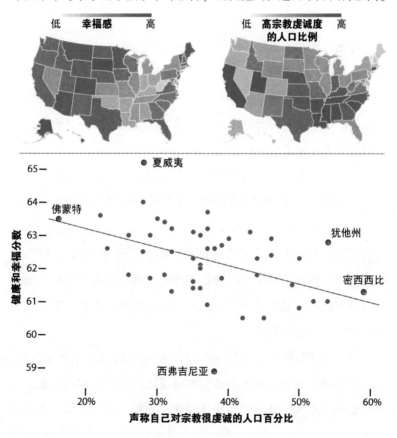

热衷于无神论的人可能会迅速从这些图表中得出结论，但是这可能有点操之过急了。这些图表是否意味着宗教信仰导致更深的痛苦，抑或反之？此外，这些图表是否说明我——作为一个个体——在放弃我的宗教信仰，甚至变成一个无神论者之后，将会变得更快乐？当然不是。让我们再来强调另一个合理解读图表的准则：

　　不要过度解读图表——特别是当你所看到的图表恰好符合你的观点时。

首先，这些图表告诉我们宗教信仰的虔诚度与健康和幸福之间存在某种反比关系，但是这些图表**并未**告诉我们宗教虔诚度的提升将导致更深的痛苦。事实上，这个案例很可能是一个因果关系颠倒的例子。有可能是因为一个国家经受的磨难少，使得这个国家的宗教虔诚度较低。

艾奥瓦大学教授弗雷德里克·索尔特（Frederick Solt）的一项研究表明：在排除国家人均富裕水平的影响之后，国家的不平等程度的逐年变化导致了宗教虔诚度方面的差异。在国家的不平等程度增强时，无论是穷人还是富人都会变得更虔诚[7]。根据索尔特的观点，富人和权力阶层会变得更虔诚是因为宗教可以用来为社会等级制度提供正当性；另一方面，对穷人来说，宗教则为其提供了安慰和归属感。

这有助于解释为什么当我们进一步细分数据到个体层级时，宗教信仰和幸福感之间的关系会出现反转，呈现正相关关系。在不稳定和不平等的社会中，格外如此，宗教虔诚度高的人幸福感更强[8]。

让我们来看一个极端的例子：如果你生活在一个因战争和制度解体而满目疮痍的贫穷国家，有组织的宗教可能是你能够抓住的救命稻草，它能帮你获得意义和安慰，为你提供团体归属和稳定感。你不能拿自己跟普通的挪威人或芬兰人相比——这些人可以在不那么虔诚的情况下仍然非常幸福——然后说放弃宗教信仰会让自己更快乐。你们的生活条件截然不同。对于那些生活在富裕、平等、安全的地区的人而言，有没有宗教信仰或许对幸不幸福没有直观的影响，因为他们所处的社会已经为他们提供了医疗服务、良好的教育、安全感以及归属感。但是对于像你这样生活在战乱国家的人来说，宗教信仰可能会带来天翻地覆的改变。平均而言，在一个不稳定的地区，做一个有信仰的穷人可能比做一个没信仰的穷人要过得更好一些[9]。

下面，基于我在本章中已经介绍的这些案例，请允许我重申另一个图表解读的准则：

　　　　不同层面的思考需要由在不同层次进行整合的数据来支撑。

换句话说，如果我们的目标是了解在不同的国家或地区，宗教信仰和幸福之间的关系，那么图表就应该对这些国家和地区的数据进行比较。而如果我们的目标是了解在个人层面两者之间的关系，那么用国家或地区的图表就不太合适了，我们应该采用对个人进行比较的图表。

———

有些图表恰好证实了一些我们已经持有的观点，我们认为有些普遍存在的严重问题对每个人都造成了影响，而一旦看到图表也证实了这一结论，我们就很可能会草率地得出结论。每一次总统选举之后，我的那些在政治立场上偏左翼的朋友们总会好奇：为什么在更依赖于社会保障的贫穷地区，人们更愿意投票给那些声称要降低社会保障的候选人。

我们可以把这种悖论取个名字叫作"堪萨斯州有毛病吧?"，这正是由身为历史学家和记者的托马斯·弗兰克（Thomas Frank）于2004年发表的畅销著作的题目（*What's the Matter with Kansas?*）。这本书的主要论点是，一些选民会支持那些与他们的利益相违背的候选人，原因在于他们与那些候选人持有一致的文化价值观，比如：宗教、堕胎、同性恋权利、政治正确等。我的朋友们被下面这幅图表吓呆了：

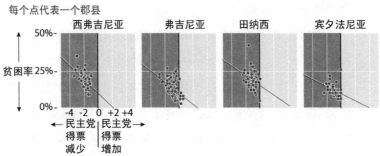

2012年和2016年总统大选中民主党选票的变化（百分点）

这些图表看上去似乎证实了弗兰克的论点：一个郡县越穷（代表它的点在图表上的位置越高），其对民主党的投票支持率自2012

年至2016年的下降就越明显（它的点在图表上的位置越靠左）。

这一规律是真实存在的，但是它是否真的在向我们诉说诸如美国西弗吉尼亚州或田纳西州的穷人们的"投票行为违背了他们的利益"呢？或许并非如此。首先，这种指责过度简化了问题。当我们投票时，我们不是仅仅凭借我们的经济利益来进行决策——我就总是把选票投给那些倡导向我这类家庭增加税收的候选人。而且，选民很在意候选人的价值观。如果某位候选人暗示了反移民的敌意或有排外倾向，那么无论我多么赞同他/她所倡导的经济政策，我都绝不会把票投给他/她。

不过让我们回到这幅图表，假设经济上是否对自己有利是选民应该考虑的唯一因素，图表也并不会变得更好。因为这几幅图所揭示的并不是**穷人**正在远离民主党。它们所揭示的是**较贫穷的郡县**正在远离民主党，这与穷人在远离民主党是不同的。实际上，美国选举的投票率通常很低，而且当你在经济阶梯上的位置下降时，投票率会变得更低。ProPublica专长于政府工作的记者阿莱克·迈克吉利斯（Alec MacGillis）曾经写道：

> 在那些最依赖民主党所倡导的社会保障计划的人中，总体而言并不是违背自身的利益而投了共和党。相反，他们只是没有投票，而已……在这些社区中，更支持共和党的那些人，大多数在经济阶梯上要比其他人高一两级——法官、教师、高速公路工人、汽车旅馆职员、加油站站长和煤矿工人。他们对共和党的日益忠诚，在某种程度上，是对他们所见所闻的一种反应——

他们看到那些在经济阶梯上低于自己的人对社会保障政
策日益增长的依赖，也看到了自己那衰败的城镇明显在
走下坡路[10]。

━━━━━

想要理解图表如何使我们的感知产生偏差，至关重要的是要
辨别聚合数据和个体数据之间的区别。下面这幅图表来自于网站
"数据中的世界"（Our World in Data），如果你喜欢数据视觉化
的话，这个网站简直是一个宝库。看一看它所揭示的规律[11]：

预期寿命vs.卫生保健支出，1970—2015
通过"年人均卫生保健支出"来体现医疗资金，且根据各国之间的通货膨
胀和物价水平差异对其进行了矫正（以2010年的国际美元价值为标准）。

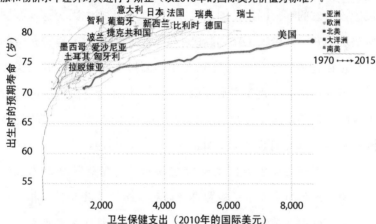

资料来源：世界银行-世界发展指数，卫生保健支出和资金-国际经合组织统计（2017）

这是一幅连线散点图，我们在第二章学过如何看这种图表，
这里简单重温一下：每条线代表一个国家，你可以把它们想象成
从左向右、从下向上的一些弯弯曲曲的路径。现在把注意力放在

美国这条线上。这条线初始点的位置在最左边，它代表1970年的预期寿命（纵坐标）及相应的矫正后的人均卫生保健支出。它的终点在最右侧，它代表同样的变量在2015年的水平。相对于初始点，终点的位置更高而且更靠右，说明2015年的预期寿命和卫生保健支出均高于1970年。

这幅图表显示，大多数国家在1970年至2015年间，预期寿命和卫生保健支出的变化率都比较相似。而美国是个例外，它的预期寿命增长得不多，但是人均卫生保健支出却呈现大幅增长。我可以用这幅图表来提出另一条合理解读图表的准则：

　　　　任何图表都是对现实的一种简化，它揭示了多少信息也同样隐藏多少了信息。

因此，我们需要经常扪心自问：在这幅图表展现出来的规律和趋势之外，这些数据还有可能隐藏了哪些规律和趋势？我们可以思考一下这些国家呈现出来的趋势的变异性有多大。根据你在美国居住地点的不同，以及你的富裕程度的不同，你在卫生保健方面的支出可能差异巨大，预期寿命也是如此。华盛顿大学的研究人员在2017年的一项研究中发现："科罗拉多州中部一些较富裕的县的预期寿命最高，高达87岁（比瑞士和德国的平均水平高得多），而北达科他州和南达科他州一些县的居民可能远没有那么长寿，他们的预期寿命只有66岁。"这可是超过20年的差异[12]。我猜在那些实行全民医疗保健制度的富裕国家，卫生保健支出和预期寿命的差异应该没有这么大。

2010 年 3 月 23 日，美国总统巴拉克·奥巴马签署了平价医疗法案（Affordable Care Act，简称 ACA，也被称为"奥巴马医改"），使其受到法律保护。自 ACA 提出至今（2018 年的夏天），围绕它的激烈争论就从未消停过。相关的问题包括：它是否对经济有益？它否真的平价（负担得起）？它能经受住那些试图破坏该法案的政府监管的考验吗？它会促进就业还是会抑制雇主的招聘意愿？

人们仍然在通过争论来寻求答案，但是一些权威人士已经通过类似下面的图表来表明：ACA 真的对就业市场有益，这与共和党人所宣称的不同。可以看到，在经济危机期间就业数量出现了下降，但是在 2010 年左右开始出现好转。接下来看看在图表中的反转处附近发生了什么：

就业总人口：非农就业人数（单位：百万人）

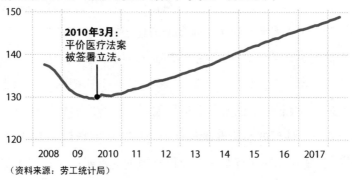

（资料来源：劳工统计局）

每当有人试图用图表来说服我们时，我们都需要先问一个问题：

仅凭这幅图表所展现的模式或趋势，是否足以支持作者想要表达的观点？

我认为在本案例中，图表不足以支撑论点。第一个原因是我们刚学过的原则：图表只体现了它所展示的内容，读者不要添油加醋。这幅图表所展示的无非是有两件事几乎发生在同一时间点：（1）ACA 通过立法，（2）就业曲线出现转折。但是这张图表并不能说一个事件导致或者影响了另一个事件。这种因果或影响关系只是你的大脑做出的推断。

第二个原因是我们可以想到在那几个月也发生过其他事件，这些其他事件可能会影响到就业市场。为了应对 2007 - 2008 年的金融危机，奥巴马于 2009 年月签署了经济刺激方案——美国经济复苏和再投资法案。很可能是该法案为美国经济注入的数十亿美元在几个月后开始显现作用，推动企业重新开始招聘。

我们也可以用反事实的方式考虑这个问题。设想一下，如果平价医疗法案被国会扼杀在襁褓之中，在这种假设的情境下，私企就业曲线会如何变化？它会保持不变吗？就业的回升会减缓（因为 ACA 更容易创造就业机会）还是会加快（因为企业对 ACA 可能带来的医疗成本提升非常慎重，从而阻碍了招聘）？

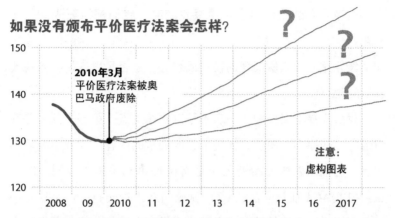

我们不得而知。原始的图表没有告诉我们 ACA 对就业市场有何影响。如果仅凭这张图表，我们既不能用它来抨击 ACA 法案，也不能用它来捍卫该法案。

我还看到过经右翼人士错误处理后的类似图表。在唐纳德·特朗普就职后的头一年，他总爱宣称在自己宣誓就职之前，就业市场简直是"惨不忍睹"，在他就职后才得以迅速恢复。为了证明自己的言论，他所采用的图表对横轴进行了剪切：

就业总人口：非农就业人数（单位：百万人）

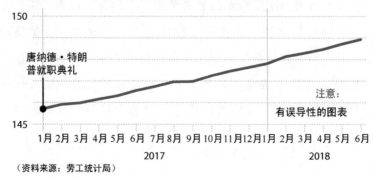

（资料来源：劳工统计局）

但如果回看过去这些年的数据，并把特朗普成为总统的那一刻标记出来，我们会发现这一点前后的曲线轨迹和斜率都没有明显的变化。就业的复苏始于 2010 年。缔造就业复苏的奇迹并不是特朗普的功劳，他只是维持了其复苏的态势而已：

就业总人口：非农就业人数（单位：百万人）

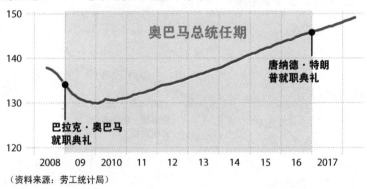

（资料来源：劳工统计局）

2017 年 10 月，特朗普发了一篇推特，只说了一句"哇哦!"并配了下面这幅图，以此炫耀在 2016 年的大选日之前表现平平的道琼斯指数在大选日之后就蒸蒸日上了：

道琼斯工业平均指数

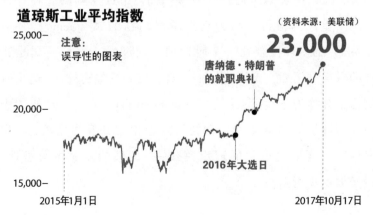

195

很容易猜到这幅图错在哪里：与就业曲线的模式类似，道琼斯指数自 2009 年就开始稳步提升，期间会有一些瓶颈期或者波动期——2016 年就职典礼之后的"特朗普波动"就是其中之一[13]，但是曲线的总体方向没有变化：

道琼斯工业平均指数

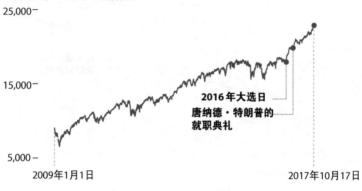

我们越看重一个观点，我们就会越喜欢任何与之相符的图表，无论图表的简化程度有多么高。下面这幅图表在神创论圈子里广为流传，因为它揭示出动物的属（genus，复数genera）的多样性曾在一个时期内出现爆发式增长（属是物种的群类，例如，犬属包括狼、豺、狗和其他物种）。这个时期通常被称为寒武纪大爆发（Cambrian explosion）。这幅图表往往与理想的达尔文"生命树"一起出现并互为比较，"生命树"展现的是进化的理想模式——即新的属循序渐进地、缓慢地稳步衍生：

196

注意：
有误导性的图表

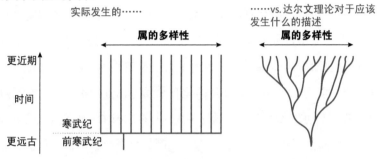

左图展现的模式是：在寒武纪新的动物种类突然间冒了出来。一个多世纪以来，寒武纪"大爆发"对生物学家来说一直是个难解之谜，达尔文在他的《物种起源》（*On the Origin of Species*）一书中也表达了对此现象的困惑。究其原因，与化石记录的不完整有关，特别是前寒武纪的化石记录缺失，强化了物种多样化骤增的观念。神创论者声称"在某个地质时代，在一些复杂的物种首次出现在地球上之前，没有任何迹象能证明其进化祖先的存在。独一无二的神的创造，是对这种无与伦比的生物大爆发的最佳解释"[14]。

然而，"大爆发"一词以及神创论者所吹捧的这幅图是有误导性的。与达尔文时代相比，现在能获得的化石记录要完整得多。得益于此的现代科学家们更喜欢用"寒武纪物种多样化"这个术语：寒武纪确实出现了许多新的属，但是它们的出现并不突然。寒武纪大概是指从 5.45 亿年前至 4.9 亿年前这段时间，它持续的时间超过 5,000 万年。这么长的周期足够物种产生爆发了。

一些神创论作者——诸如斯蒂芬·梅尔（Stephen C. Meyer）——意识到了对自己所持观点不利的这一事实，但是仍然坚持使用这幅图表，只不过他们将"爆发"的周期缩小到寒武纪第三阶段的阿特达班阶（Atdabanian），也就是大概 5.21 亿年前至 5.14 亿年前这段时间，这是生物属的多样化比较蓬勃的时期。梅尔曾说过"只有智慧可以带来新的信息，所以说寒武纪时期基因信息的爆发为'生命是智慧设计的产物'这一论断提供了令人信服的证据，它证明的可不是诸如自然选择一类的盲目而又没有方向性的过程"[15]。

对于"爆发"而言，700 万年可说不上短——我们自己所属的这个物种也就只存在了区区 30 万年而已，不过这并不是唯一的问题。唐纳德·普罗瑟罗（Donald R. Prothero）是西方学院的一名古生物学家，他著有《进化：化石讲述了什么，以及为什么它很重要》（*Evolution：What the Fossils Say and Why It Matters*）一书，这本书帮我们提供了有关前寒武纪和寒武纪时期更详细的图表（详见下图），而且他解释道：

> 人们现在知道，生命多样化的整个过程经历了许多不同的步骤，从大约 35 亿年前的最早的简单细菌化石，到距今约 7 亿年（埃迪卡拉动物群，Ediacara fauna）的最早的多细胞动物化石，到距今约 5.4 亿年的寒武纪初期（寒武纪的下梅树村阶和上梅树村阶，Nemakit-Daldynian and Tommotian stages）的最早的骨骼化化石（小贝壳的小碎片，绰号"小壳壳"），再到 5.2 亿年前

寒武纪第三阶段阿特达班阶，你才能看到最早的更大
的、拥有更硬的壳的动物化石，比如三叶虫化石[16]。

请看下面的图表：右边的条形表示属的多样性。条形的长度
是逐渐增加的，而不是突然增加的。而生物种属持续增加的模式
虽然在波拖米际因大规模的物种灭绝而中断，但是它早在寒武纪
之前就开始出现了；而这一事实驳斥了"一些复杂物种在初次形
成之前，没有任何进化上的祖先"这一论断。如果你愿意的话，
你完全有相信"智慧的创造者"的自由，但你不应该无视现实。

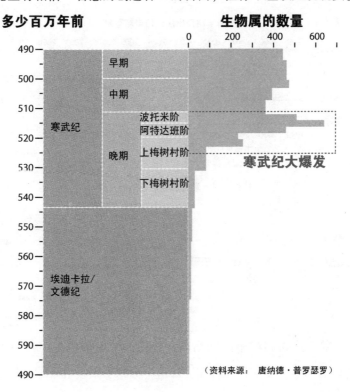

（资料来源：唐纳德·普罗瑟罗）

现在看来，从某种角度上讲，我们显然可以用图表来表达任何我们想要表达的观点。我们可以通过以下方式来达成我们的目的：控制图表的构建方式；掌控图表包含细节的多少；更重要的是，对图表展现出的模式进行阐释。看看以下这两幅图表，它们来自搞笑网站"虚假相关"（Spurious Correlations），网站作者泰勒·维根（Tyler Vigen）著有网站同名著作[17]：

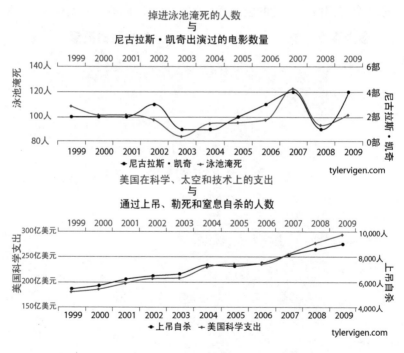

第一次访问维根的网站时，我认为"虚假因果"或许是个更好的标题——尽管你可能会嫌这个标题不太吸引眼球，原因在

于掉进游泳池淹死的人数的确随着尼古拉斯·凯奇出演的电影数量的变化而变化。数据是两个变量的数据，它的图形吻合度也很高——不过双坐标图有时候有一定风险，因为正如我们在第二章中所学到的，我们可以通过调整坐标来控制线条的斜率。

真正虚假的不是相关性，而是我们针对这些变量同步变化的模式所给出的可能解释：尼古拉斯·凯奇出演更多电影这个事件会引发更多的溺亡事故吗？还是说人们看了尼古拉斯·凯奇的电影就更想游泳，进而把自己置于更高的溺水风险之中？美国在科学上的支出与上吊自杀的人数之间会存在什么因果关系呢？我把制造这种虚假因果关系的机会留给你好了。如果你喜欢黑色幽默的话，可别放过这个机会，好好享受。

别用图表自欺欺人

    如果你造访过伦敦，在欣赏完壮丽的威斯敏斯特大教堂、国会大厦和大本钟后，你可以穿过威斯敏斯特桥向东走，然后右转，你会看到圣托马斯医院。在那儿，你会发现高楼之间夹着一座为纪念南丁格尔而开设的小巧而又可爱的博物馆。

    在公共健康和护理史上，南丁格尔是一位备受爱戴的人物；而在统计和制图史上，她又是一位饱受争议的人物。作为一名虔诚的唯一神论者（Unitarianfaith，对行动的强调多过对信条的重视），她不顾富有家庭的反对，在很年轻的时候就决定献身于医护事业，她要倾其一生去照顾穷人和有需要的人。她还热爱科学。她的父亲为她提供了良好的文学艺术和数学教育。一些传记作家认为这些影响能够解释为什么她此后成了"在她的时代，拥有最伟大的分析头脑的人物之一"[1]。

    如果你听从了我的建议去参观了伦敦的南丁格尔博物馆，一定要花点时间仔细看看博物馆里陈列的那些文件和书籍。特别是其中一幅图表可能会引起你的注意：

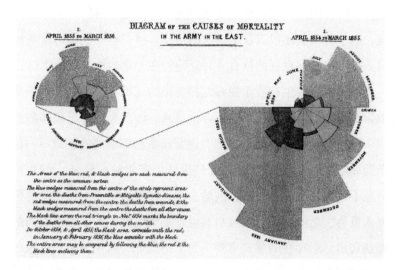

这是我最喜欢的图表之一。虽然它的设计并不完美，但是它是一个绝佳的案例，能够阐释良好的读图原则，所以请允许我给你讲述一些较为详细的历史背景作为铺垫。

1853 年 10 月，位于今土耳其的奥斯曼帝国对俄罗斯帝国宣战。英国和法国为了支持奥斯曼在 1854 年 3 月加入了这场战争，它在日后被称为克里米亚战争（1853—1856）。这场战争的起因很复杂，简而言之与俄罗斯帝国的扩张欲望有关，也与对居住在巴勒斯坦（当时是奥斯曼帝国的一部分）的基督教少数派——俄罗斯东正教和罗马天主教——的保护的争议有关[2]。

成千上万的士兵因战争牺牲。死亡率令人不寒而栗：被派往克里米亚战场的士兵中大约有 1/5 丧命，其中绝大多数是因诸如痢疾和伤寒等疾病而致死的，而并非是因为在战斗中受伤而牺性。当时，距离关于疾病的微生物理论的诞生尚有 20 多年的时间，对于传染病还没有什么有效的治疗方法，唯一能做的就是给病人提供水分和良好的饮食，并让他们在干净的地方休养生息。

战争主要发生在位于黑海北部海岸的克里米亚半岛。受伤或被诊断出疾病的英国士兵被运往土耳其。许多人在穿越黑海的过程中死亡，而那些幸存下来的人还要面临恶劣条件的挑战——位于斯库塔里（Uskudar，现如今是伊斯坦布尔的一部分）的医院资金不济，拥挤不堪，污秽满地，虱子肆虐。据波士顿大学的研究人员称，斯库塔里的医院与其说是军队医院，不如说是所谓的发热病房，它存在的意义主要是为了把发烧的病人与他们健康的同胞们隔离开来。与其说士兵们是被送到斯库塔里的医院去接受治疗的，不如说是被送去等死的[3]。

弗洛伦斯·南丁格尔有组织医院物资的经验，她自愿到斯库塔里的军营医院工作，这家医院之所以被称为"军营医院"是因为它利用了一排改造过的军营作为医院建筑。南丁格尔和一个护士团队在 1854 年 11 月抵达。她在斯库塔里工作了将近两年，一方面对抗着来自军方的阻力，一方面应对着手术设备的短缺，南丁格尔推动了改革。她对所有的病人和治疗都做了详尽的记录，她帮助改善设施，降低拥挤程度，争取更多的供应，为患者提供心理支持。

在南丁格尔到来之后，死亡率先是上升，然后在紧接着到来的 1854—1855 年冬天开始下降，不过并没有传说中下降得那么快。根据历史学家最新的说法，下降没有那么迅速的原因在于虽然南丁格尔改善了清洁状况，但是她并没有对通风或环境卫生予以足够的重视。相比于环境卫生，她更注重病人的个人卫生[4]。

英国政府对士兵伤病的糟糕境况深表担忧，而且在新闻舆论的压力下，英国政府生怕公众了解到如此骇人听闻的死亡率，于是他们派出几个委员会前往战区，一个负责处理供给问题，另一个负责改善卫生状况。卫生委员会在 1855 年 3 月开始推进工作。请把这个日期印在脑子里。

南丁格尔所支持的卫生委员会发现，这座位于斯库塔里的兵营医院的下水道堵了（一些管道被动物尸体堵住了），所以它形同于坐落在一个污水坑上。委员会要求对下水道进行清理，改善通风，对医疗废物进行系统处理。托上述指导意见的福，委员会造访的所有医院的情况都有所改观[5]。

在斯库塔里工作期间，南丁格尔并没有完全意识到她所在的兵营医院的死亡率远远高于其他为参战士兵提供治疗的医院。一些护士对"与在医院进行截肢手术相比，在前线进行截肢手术的病人的存活率更高"这种说法将信将疑，她们更相信导致这一情况的原因是因为前线的战士"求生欲极强"，所以能够忍受痛苦和疲惫，而那些被送到医院进行手术的人已经被折磨得筋疲力尽了[6]。

南丁格尔回到伦敦后与医疗卫生专家和统计学家威廉·法尔（William Farr）等人一起对卫生委员会取得的成效进行了分析，令她惊恐的是，她这才发现了克里米亚战争的死亡率居高不下的真正原因。在那个年代，在医疗机构内部，卫生科学是一个具有争议性的话题；医生们担心，如果人们知道卫生和通风比医务护理更重要，那么他们专业的重要性将大打折扣。令他们沮丧的是，南丁格尔的数据恰恰暗示了他们所不愿透露的信息。下面你会看到一幅堆叠柱状图——图中各种颜色的柱子累积成一个总和，它展现了战争中所有类型的死亡人数。请关注 1855 年 3 月后，总的死亡人数下降了，而且因疾病而死亡的人数也下降了：

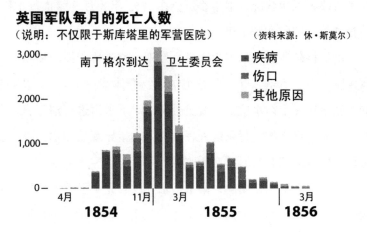

医院卫生条件的改善并不是死亡率急剧下降的唯一原因，但是对于南丁格尔来说，这无疑是一个主要因素——如果不是唯一的主要因素的话[7]。她意识到如果卫生条件和通风条件能够早点得到改善，很多生命原本可以被挽救，对此南丁格尔耿耿于怀，于是她决定将余生全部投入促进护理和公共卫生事业的奋斗中去。

讲到这里，我们可以回到南丁格尔博物馆的那幅图表了，她喜欢称这种图表为"楔形图"。在南丁格尔从战场上回来后，她利用她所赢得的名声来推动军队医院的运营改革。她认为英国军队忽视了步兵的健康和幸福。陆军高级司令部不认同这项指控，否认对此负有责任，并拒绝做出改变。尽管维多利亚女王同情陆军的窘境，但是她批准皇家委员会来调查在克里米亚和土耳其发生的惨剧。南丁格尔对这项调查做出了贡献。

南丁格尔想要说服军队——并最终说服整个社会——相信威廉·法尔的卫生保健运动及其智慧，该运动"倡导为居民楼安装冲水下水道、提供洁净水和改善通风，并推动此项拨款和资金募集"[8]。为此她使用了各种文字、数字和图表，她不仅从委员会的报告中搜集这些资料，也从畅销书和广泛散播的宣传册中寻找证据。其中最著名的就是南丁格尔的楔形图，它显示的数据与堆叠柱状图的数据一致，但是它的形式更引人注目且一目了然。

楔形图由两个不同大小的圆形组成，需要顺时针看。圆形形状是由一些楔形组成的，每个楔形对应一个月份。比较大的圆形（1）——下图中右侧的那幅图——代表 1854 年 4 月到 1855 年 3 月这段时间，即卫生委员会被派往战区的这段时间。而比较小的圆形（2）——下图中的左图——代表 1855 年 4 月到 1856 年 3 月。

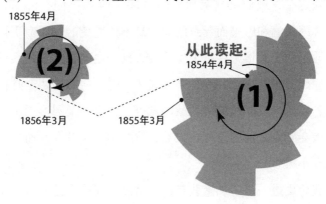

每个月有三个楔形，它们是重叠的而不是相互堆叠。每个楔形的面积与其距离圆形中心的长度有关，这个长度等比于死亡人数，三个楔形分别代表因疾病、创伤和其他原因死亡的人数。举个例子，以下列出的是原图的一小部分，它是代表 1855 年 3 月的三个楔形。

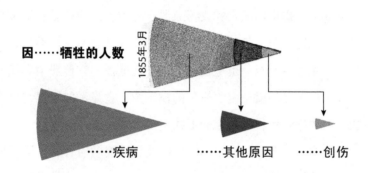

为什么南丁格尔用这么奇特的方式来展示她的数据，而不用简单的堆叠柱状图或者用一组线形图（每条线代表一种疾病）来展示数据？历史学家休·斯莫尔（Hugh Small）指出，她的目标受众之一是政府的首席医疗官约翰·西蒙（John Simon），他曾声称因疾病和感染而导致的死亡是不可避免的。而南丁格尔则希望通过两个圆形来展示卫生委员会到来之前和到来之后的各月死亡原因分布特征，并用一条虚线将分界点前后的两个月份连接起来，以此来反驳约翰·西蒙的观点。其中一个圆形展示的是卫生委员会到来之前的总死亡人数，这个圆形比较大；而另一幅楔形图则小得多。

我想更进一步，加上我自己的猜测：我认为她的目标不仅仅是用一幅耐人寻味的、不同寻常的漂亮图表来说明问题，她还想要用这幅图来说服受众。柱状图也能够有效地传递同样的信息，但它可能不够抓人眼球。

————

著名的南丁格尔楔形图的故事说明了一些我们应该重视的原则。第一个也是最重要的一个原则是我在第三章中介绍过的：

想要使图表可信，首先要确保它必须基于可靠的数据。

南丁格尔所使用的数据是当时能获取的最佳数据。他们花了数年时间来收集和分析这些数据，然后才将结果公之于众。

南丁格尔楔形图说明的第二个原则是：图表可以作为一种视觉化的论点，但是仅凭图表来传递观点往往是不足够的。在那些发表了南丁格尔楔形图的报告或书籍中，都会对数据的来源进行解释，而且在得出结论之前，会提出其他可能的替代解释。卡罗林斯卡学院的医生和公共卫生统计学家汉斯·罗斯林曾经说过："离开了数字，我们将无法理解世界。但是我们也不能仅凭数字来理解世界。"[9]

"信息传递"和"宣传灌输"的区别是什么？信息表达的完整性正是差异的关键所在。宣传灌输是指为了塑造公众的观点而以简化的方式呈现信息，突出宣传家认为有利于强化他想要灌输的观点的那些信息，同时略去那些可能与观点相悖的内容。南丁格尔和她的同事们的确用这个强有力的案例推动了公共卫生改革，但是在此之前他们要为这个长期的、由证据驱动的论点付出大量的努力。他们用的是理性和道理来说服受众。

第三个原则是：数据和图表可以拯救生命，也可以改变思想。它们改变的不仅是别人的思想——正如南丁格尔用她的图表说服了她所处的社会去改变行为，图表还会改变你自己的思想。这正是我钦佩南丁格尔的一个最重要的原因。由于数据显示她并没有做到尽善尽美，没能挽救她曾经照料过的成千上万的战士的生命，为此她在战后难以摆脱悔恨和愧疚的折磨；于是，她决定采取行动，要把自己的一生都奉献给这项事业，以预防未来因同样的错误而造成灾难。

可以说，只有那些最诚实、最开明的人才拥有这种在证据面前改变思想的能力，这些人尽可能地以最合乎道德的方式来利用现有信息。我们所有人都应该以他们为榜样，向他们靠拢。

———

图表可作为一种工具既可以服务于**推理**（reasoning）也可以为**合理化**（rationalization）效劳。我们人类更喜欢后者而不是前者。我们把图表的可视化结果作为证据，特别是当我们已经形成了某种与图表主题有关的信念时，我们会试图扭曲图表来适应我们的世界观，而不是思考那些证据并运用这些证据来相应地调整我们的世界观。

推理和合理化依托于相似的心理机制，因此它们很容易被混淆。通常两者都发生在做推断的过程中。而推断又涉及基于现有的证据或假设而生成新的信息。

推论可能是恰当的——如果它们与现实相符的话，也可能不恰当。在前几章中，我们看到过一幅图表显示了：在国家的层面上，香烟的消费量与预期寿命是正相关的。基于这幅图我们得到了几项信息（"香烟的消费量，高或低"以及"预期寿命，长或短"），如果我们不求甚解，或者如果我们正想为自己的吸烟行为找借口，我们可能会推断说吸烟有助于延长寿命。设想一下，假如我是一杆老烟枪，我经常被媒体、朋友和家人烦扰，他们总是坚信吸烟会要了我的命。如果我发现了这样一幅与众不同的图表，我会紧握不放并用它来证明我的行为没有问题。这就是一种合理化。

合理化是人类大脑的默认模式。有关这一主题的文学作品数不胜数，还有数十本畅销书解释了我们的心理偏见是如何把我们引入歧途的。我最喜欢的一本是由卡罗尔·塔夫里斯（Carol Tavris）和艾略特·阿伦森（Elliot Aronson）共同撰写的《错不在我》[Mistakes Were Made (but Not by Me)]。为了解释我们如何形成信念，而后将信念合理化，到最后拒绝改变该信念这一过程，塔夫里斯和阿伦森使用了一个被称为"选择的金字塔"的比喻。

设想一下，有两个学生对考试作弊的看法都比较中立。有一天，在一次考试中，他们两人都想作弊。其中一人作弊了，另一个没有。塔夫里斯和阿伦森认为，如果在这次考试之后我们有机会问两个学生对作弊的看法，我们会注意到明显的变化：拒绝作弊的那名学生将会更多地表达出一种冠冕堂皇的拒绝作弊的态度，而那名没有经受住作弊诱惑的学生会说作弊也算不上是多么糟糕的越界行为，或者说因为自己的奖学金岌岌可危所以在这种情况下作弊是情有可原的。作者写道：

> 在学生们经过一系列不断强化的自我合理化之后，会发生两件事：第一，他们俩人的观点已经大相径庭了；第二，他们已经把这种信念内化了，并坚信自己一直以来都是这样认为的。这就好比他们从金字塔顶端出发，一开始彼此只相距一毫米；但是当他们对自己的个人行为辩护完毕时，他们滑到了金字塔的底部，站在塔基的两个不同的对角之上。

这里有几个动态因素在起作用。我们人类讨厌不和谐。我们非常尊重自己，任何可能伤害我们自我形象的事情都会威胁到我们（"我是个好人，所以作弊不可能真的有那么坏！"）。因此，我们会试图通过对行为合理化来将对内在和谐的威胁降到最低。（"每个人都会作弊，而且，作弊并不伤害任何人"）。

此外，如果我们后来发现证据证明作弊确实伤害了其他人——如果作弊者得到了奖学金，那么另一个更应该得到奖学金的人就没有钱了——我们也不太可能接受这个证据并改变自己的想法，更可能发生的是，我们会拒绝承认它或以某种方式扭曲它以使其符合我们已有的信念。我们之所以会这样是因为人类有两个特点（而且这两个特点还相互关联）：确认偏差（confirmation bias）和动机性推理（motivated reasoning）。心理学家盖瑞·马库斯（Gary Marcus）写道：确认偏差是指我们人类所具有的一种自动化倾向——我们容易注意到与我们观点相符的数据；而动机性推理则是与之互补的一种倾向，它指的是我们对与自己所不喜欢的观点相关的信息要比对与自己喜欢的观点相关的信息更加审慎[10]。

很多著作探讨了认知失调、确认偏差与动机性推理之间的关系，比如乔纳森·海特（Jonathan Haidt）所著的《正义之心》（*The Righteous Mind*）以及雨果·梅西耶（Hugo Mercier）和丹·斯珀伯（Dan Sperber）合著的《理性之谜》（*The Enigma of Reason*）。这些著作都谈到，以前我们认为人类理性推理的内在机制是收集信息、处理信息、评价信息，然后基于此形成观点，但是这种理解是有误导性的。

这些作者告诉我们，人类理性的作用机制与上述理解相去甚远。当我们独自进行推断时，或者当我们在一个意识形态统一抑或文化统一的群体里进行推断时，我们所做的往往只是合理化：我们是先形成信念——因为团队成员已经有了这些信念，或者是因为我们在情感上更倾向于这些观念——然后再运用我们的思维能力来证明这些观念，用这些观点的优势来说服别人，同时提防别人提出与我们的信念相悖的观点。

我们如何才能逃脱合理化的泥沼而真正地拥抱理性呢？弗洛伦斯·南丁格尔的人生轨迹为我们提供了值得借鉴的线索。当她从克里米亚战场回来之后，她不明白为什么会有这么多受她照顾的士兵最终逃不过死神的召唤；那时，她能够指摘的仍然是供应不足、官僚管理，以及那些被送到她的医院的士兵的健康状况本来就很差，等等。而那时候她已经声名在外。报纸上有她的画像，画中是她孤身一人提着一盏灯在深夜里走在斯库塔里医院幽长的走廊里，她要照顾那些徘徊在死亡边缘的士兵。这样的画像把她变成了热门人物，甚至是带有精神光环的人物。谁不想保住这样的好名声呢？如果她屈服于合理化的动机，对自己在克里米亚战争期间的行为进行辩白，或许也是完全可以理解的。

然而南丁格尔的做法恰好相反：她仔细研究了自己的数据，然后开始与专家们——特别威廉·法尔——开展合作，并与他们行了长期、热烈且坦诚的对话。正是法尔带来了大量数据和证据以及分析它们的技术，其结果表明医院的卫生条件才是可以挽救更多生命的重要措施。南丁格尔与法尔一同评估了导致士兵死亡率偏高的各种可能解释，并通过新出炉的数字对其进行权衡。

南丁格尔的经历应该让我们有所感悟：我们人类几乎不能靠自己的力量来运用理性，即便是跟别人在一起时，如果大家志趣相投那么也很难进行理性的推理。这听上去很难接受，但是事实的确如此。如果我们执意要靠自己进行推理或者要跟持相同观点的人一起进行推理，那么我们最后达成的无非就只是合理化罢了，因为我们难免要用论点来作为强化自我美德的信号。更糟的是，我们越聪明，我们获得的信息越多，我们的合理化就越成功。部分原因是因为我们更清楚我们所属的群体——政党、教会和其他各种群体——的成员是怎么想的，而且我们想跟他们保持和谐与团结。另一方面，如果你接触到一种观点却又不知道这个观点从何而来，你更有可能去考虑它的优点。

合理化是我们与自己或与有相同想法的人的对话。而理性推理则不同，它是一种诚实而又坦率的对话——我们要试图通过放之四海而皆准的、尽可能连贯且详细的论点去说服那些原本未必同意我们的观念的人，与此同时还要虚心接受别人的劝说。

这种对话不需要面对面进行。在南丁格尔的时代，很多对话是通过文字完成的。当你认真阅读报纸、文章或一本书的时候，你会发现自己似乎正在与它的作者对话。写书也是一样，你期待自己的读者不只是被动地吸收知识，而会反思它的内容，给出建设性的批评，或者有朝一日能够扩展书本的内容。这就是为什么我反复强调保持媒体选择的平衡性至关重要，你应该对你所阅读的新闻出版物进行精心挑选（我在第三章对此提出过建议）。当我们吃东西或喝东西的时候，我们通常能意识到自己正在把什么东西输入体内；在阅读方面我们也应该锻炼类似的能力，我们需要了解自己正在把什么东西灌输到头脑中。

我们为了进行合理化而使用的论据通常不具备普遍的有效性，而且既不连贯也不详细。你可以让自己试试看，尝试去对一个在某些事情上与你意见不同的人进行解释。尽可能避免使用来自权威的论据（"这本书、这位作家、科学家、思想家——或者电视主持人——说过……"），也尽量不要涉及价值观（"我是左派自由主义者，所以……"）。

你可以做的是，一步一步地展示你的案例，细致地把你的推理链条上前前后后的每一个环节串联起来。你很快就会意识到，即便对于那些最根深蒂固的、最珍贵的信念来说，也很难维持住这套体系的稳定。这种体验会令一个人变得更谦卑，它让人意识到我们应该摆脱恐惧，勇敢地承认"我不知道"。大多数时候，我们真的不知道。

这也是思维专家所建议的说服策略之一，我们可以用这个策略去说服那些对某些事情有误解的人[11]。不要只把证据丢到他们面前，因为这么做可能适得其反，触发了恶魔般的认知失调、动机性推理和确认偏差。你应该做的是教人慢慢消化。实验表明，当我们把观点不同的一群人放在一个房间里，并让他们平等地互相交谈时——所谓平等就是不把他们视为任何群体的一部分，因为这么做可能会触发群体内的防御本能——他们会变得更加温和。如果你要和别人争论什么问题，那么先要对对方的信念表现出真正的兴趣，与他/她产生共鸣，并要求对方给出详细的解释。这样做可以帮助你和对方注意到彼此之间的知识差距。错误信念的最佳解药不只有真实的信息。相反，怀疑和不确定性才是真正的良药，信念大厦中的那些缝隙才是真实信息可以得以展露的重要通道。

————

由于图表具有清晰性和说服力，所以它可能成为对话中的关键。2017 年，政治学教授布伦丹·尼汉（Brendan Nyhan）和贾森·赖夫勒（Jason Reifler）发表了一篇论文，描述了三个利用图表来消除误解的实验[12]。美国于 2003 年入侵伊拉克，在 2007 年乔治·布什政府宣布了增兵计划，宣称要占领伊拉克，以此来应付无数的叛乱袭击及其造成的士兵和平民伤亡。从当年 6 月开始，人员伤亡开始下降。

公众对增兵的效果看法不一。根据尼汉和赖夫勒的文章，
70%的共和党人士认为增兵计划改善了伊拉克的情况——事实的
确如此；但是只有21%的民主党人士同意该观点。更值得担忧
的是，有31%的民主党人士认为由于增兵有助于增加暴力和伤
亡，该计划会使情况变得更糟。

尼汉和赖夫勒将实验对象分为三组：一组是希望美国留在伊
拉克的被试，一组是希望美国从伊拉克撤兵的被试，还有一组被
试对此没有强烈观点。研究人员把下面这幅图表展示给三组
被试：

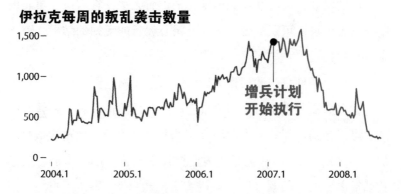

看过图表后，认为增兵计划没有效果或者认为增兵计划增加
了袭击和受害人数的被试比例有所降低。对于那些反对美国占领
伊拉克的人来说，这种效果更为明显。这张图表并没有改变谁的
想法，但它的确帮助一些人减少了误解。尼汉和赖夫勒进行了另
外两个实验，分别用图表来展现奥巴马总统任期内的就业市场
（很多人——尤其是共和党人——不相信失业率在奥巴马任期内

数据可视化陷阱

出现了快速下降）以及气候变化情况。在这两个实验中，图表都
减少了——虽然没有消除——误解。

　　尼汉和赖夫勒的实验把我带回了本书的核心主题：图表能让
我们变得更聪明，也能促进更有成效的对话，但是这需要满足一
些特定的前提条件。一些条件与图表的设计有关，其他的前提则
与我们读者的解读方式有关。俗话说："谎言一共分为三种：谎
言、该死的谎言和统计数字。"通常人们认为这句话来自于本杰
明·迪斯雷利（Benjamin Disraeli）和马克·吐温（Mark Twain），
然而这句话的流行却带着一种忧伤。统计数字只有在我们想让它
们说谎的时候，以及在我们因缺少知识而无法让它们讲述事实的
时候才会说谎。可疑的图表往往是粗心大意或无知的结果，而不
是恶意中伤。

　　另一个条件是，我们作为读者应该主动贴近图表以期促进对
话。大多数图表不是对话的终结者而是对话的推动者。一幅好的
图表可以帮助你回答一个问题（"增兵计划之后的攻击次数是增
加了还是减少了？"），但是图表更擅长激起我们的好奇心，鼓励
我们提出更好的问题（"但是受害者的数量呢？"）。回想一下南
丁格尔的例子。她所列出的证据和论点相当之长，她那幅著名的
图表只是其中的一小部分；她和她的合作者们通过众多的证据意
识到卫生条件没有得到足够的重视，必须为此做出改变。这是他
们作为读者的发现，而数据和图表本身并没有告诉我们应该做些
什么。

　　这又把我们引向了能够通过图表让我们变得更聪明的下一个

条件：我们必须坚守一个原则，即图表只展示了其所显示的内容，因此，我们必须努力抑制对图表进行过度解读的冲动。尼汉和赖夫勒的图表显示，增兵之后袭击的数量急剧下降，但也有可能，每一次袭击都比此前的袭击更致命，也有可能因此导致受害的总人数增加了。虽然实情并非如此，但是确实存在这种可能性，所以为了探讨对伊拉克增兵的后果，伤亡总人数也是我们可以去探寻的另一项证据。

我认为我们还可以从南丁格尔身上学到另外一件事：我们使用图表的目的很重要。

如果有什么东西能够把人类和其他动物区分开来，那就是我们发明技术——包括实体的和概念性的——的能力，通过这些技术我们可以延伸自己的身体和思想。因为有了轮子和翅膀，我们可以行动得更快；因为有了眼镜、望远镜和显微镜，我们能够看到更多东西而且看得更清楚；因为有了印刷媒介和电脑，我们的记忆变得更深刻、更可靠；因为有了手推车、起重机、杠杆，我们变得更强大、更有力量；因为有了口头语言和文字语言以及各种用于促进和传播语言的技术，我们才能更高效地交流……这个清单可以一直列下去，而这个清单说明我们这个物种其实是生化人和机器人的合体。如果没有了这些我们想象中的以及已经成为现实的工具和设备，我们将几乎无法生存。

有些技术是为大脑定制的，这些技术可以扩展我们智慧。哲学、逻辑学、修辞学、数学、艺术和科学方法收集着我们的梦想、好奇心和直觉，引导它们创造更多价值。上述这些都属于概念性的工具。图表也是其中之一。好的图表能够透过数据提供洞见，以此拓展我们的想象力并提高我们的理解能力。

不过工具不仅能延伸我们的身体或感知。它们还涉及道德维度。工具不是中性的，因为工具的设计及其潜在的用法都不是中性的。创造工具的人有责任去思考这项发明会带来什么可能的后果，如果结果是负面的，他们还有责任去调整自己的发明创造；与此同时，任何使用工具的人都应该努力按照合乎道德的方式去使用它。下图画的是一个锤子：

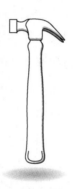

锤子是干什么用的？锤子可以用来捶打钉子，也可以用来建造房屋、庇护所、谷仓和墙壁，这些东西都可以保护人、庄稼和动物免遭天气的破坏，在世界上最贫穷的地区这有可能意味着阻止饥荒和苦难。图表的作用类似，它可以被用来构建理解，它可以被用来与他人沟通，为对话赋予信息。

但是同样一把锤子也可以被用于实现完全相反的目的：摧毁房屋、庇护所、谷仓和墙壁，从而让人陷入痛苦和饥荒。它还可以被用作战斗武器。同样，图表——也是一种技术——可以被用来破坏理解，误导自己和他人，为对话设置障碍。

打击虚假信息是一场永无止境的军备竞赛。每一代都会诞生新的技术，而每一代的宣传人员都会对新技术加以充分利用。在20世纪三四十年代，纳粹抓住了诸如印刷、广播和电影等技术来助长恐惧、仇恨、战争和种族灭绝。如果有机会，建议你读一读美国大屠杀纪念馆出版的关于纳粹宣传的书[13]，你也可以在互联网上搜索相关的例证。在我们现代人的眼中，纳粹的宣传看起来尖锐、粗鲁、没有说服力。人们怎么会相信这种信口开河的宣传呢？

人们会相信的原因在于虚假信息非常微妙，生产虚假信息的社会也是如此。就在写这部分内容的时候，我了解到一套可怕的新型人工智能工具，它使你能够操控音频和视频文件[14]。你可以读一段声明，把它录下来，然后通过这个工具改变自己的声音，比如说让自己听起来像巴拉克·奥巴马或理查德·尼克松。它之所以能实现这个功能，是因为你可以找到这些人的演讲录音，然后你可以把这些录音传入这个工具并训练这个工具。还有一些与此类似的技术可以用来操控视频：你可以把自己做鬼脸的视频录下来，然后把自己的表情映射到另一个人的脸上。

对于科学家、数学家、统计学家或者工程师来说，数据和图表没什么新鲜的，但是在普罗大众的眼里它们属于新技术，大众把数据和图表视为真理的化身。这为宣传者和说谎者敞开了大门，而我们最好的防御措施就是教育、关注、道德和对话。我们生活在一个数据和图表被神化的时代，而且由于传播手段——网络，特别是社交媒体——让我们每个人都可以覆盖数十人，甚至是数百人、数千人、上万人，所以可以说数据和图表是无处不在的。

有将近 50,000 人关注了我的推特。这件事情令我警醒，使我对自己在这个平台上分享的内容非常谨慎。如果我搞砸了，发布了一些严重误导人的东西，关注我的人可能会迅速把内容转发出去。这种事发生过好几次，我会迅速纠正错误并联系每一个转发过的人告诉他们我发布了更正信息[15]。

我们记者总说，我们这群人首先要"遵从核实原则"。我们与这个理想的标准尚有差距，但我认识的大多数记者和编辑的确在核实这件事上没有打马虎眼。或许这个核实原则不应该仅仅作为新闻行业的职业道德要求，而应该成为一项公民责任——我们有责任去评估我们公开分享的信息是否看/听上去正确，这么做是为了保护我们的信息生态系统和公共话语的质量。我们直觉地知道我们应该负责任地使用锤子——用它去建造，而不是摧毁。现在，是时候对其他的工具和技术——如图表和社交媒体等——进行类似的思考了，只有这样我们才不会成为错误信息和虚假信息这类顽疾的缔造者，我们才能成为社会免疫系统的一部分。

1982 年 7 月，著名进化生物学家、畅销书作家斯蒂芬·杰·古尔德（Stephen Jay Gould）被诊断为腹部间皮瘤，这是一种因接触石棉而引起的罕见癌症，而且是不治之症。医生告诉他被诊断出该疾病后，患者的中位生存时间只有八个月。换句话说：被诊断的病人中有一半都活不到八个月，而另一半则比八个月活得更长。在一篇记录了他本人经历的精彩文章中，古尔德写道：

> 在与癌症做斗争时，态度显然很重要。我们不知道原因究竟为何……但是，把患有相同癌症的患者的年龄、阶层、健康状况和社会经济状况进行匹配之后，一般来说，那些态度积极的人，那些有着顽强意志和生活的目标的人……往往活得更久[16]。

但是当你发现和自己患有同种疾病的人平均只有八个月寿命的时候，你怎么样才能形成一种积极的态度呢？如果想让自己积极一点，我们必须明白，有时候只提供一点点信息还不如完全不提供任何信息。古尔德在医学文献上找到的图表可能看起来跟这幅虚构的 Kaplan－Meier 生存分析曲线类似：

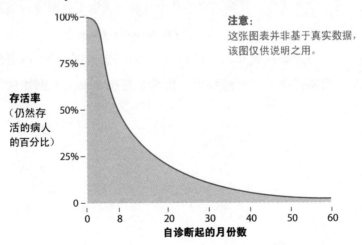

注意：
这张图表并非基于真实数据，该图仅供说明之用。

古尔德意识到：知道腹部间皮瘤病人的中位存活时间是八个月并不意味着他本人能活那么久。像上图这样的图表通常展现出的先是存活率的骤然下降，然后是向右延伸的一条很长的尾巴。

古尔德认为自己就是长尾中的一个。一个人被诊断出癌症后的生存时间取决于很多因素，比如：你得知那个坏消息时的年龄（古尔德相对年轻），癌症的阶段（肿瘤的大小以及肿瘤是局部的还是转移到身体的其他部分了），你的整体健康情况，你是否吸烟，护理质量以及你所接受的治疗方式（古尔德接受了激进的实验治疗），而且可能还与你的基因有关。古尔德的结论是，他属于那50%活不过八个月的人的概率相对而言比较小，他更可能属于那少数活了许多年的长尾人群。

他是对的。古尔德被诊断为腹部间皮瘤时刚好40岁，之后他又度过了20年高产的生活，他献身于教育事业，撰写了数十篇科普文章和著作，并在去世前几个月制作出版了大型专著《进化理论的结构》（*The Structure of Evolutionary Theory*）。

通过对好的数据和图表进行仔细的评估，古尔德变得更加快乐，更富智慧，更充满希望。我梦想着在未来人人都能像他一样。

| 致　谢 |

如果没有我的妻子和三个孩子的支持，这本书是不可能出版的。这是一段漫长的旅程，他们每天的出现是我忍受与空白页所做斗争的力量源泉。

许多科学家和统计学家读过这本书的早期版本，并给我提供了反馈意见。Nick Cox 在我的初稿上的每一页都做了充满智慧的评论和更正，并将这份稿件寄还给我。Diego Kuonen、Heather Krause、Frédéric Schütz 和 Jon Schwabish 对我之前出版的著作进行了通读，对本书也是如此。还有一些朋友帮我把这本书变得更好，他们是：John Bailer，Stephen Few，Alyssa Fowers，Kaiser Fung，Robert Grant，Ben Kirtman，Kim Kowalewski，Michael E. Mann，Alex Reinhart，Cameron Riopelle，Naomi Robbins，Walter Sosa Escudero 和 Mauricio Vargas.

我任教的迈阿密大学传播学院，是我职业生涯中最好的港湾。我要感谢院长 Greg Shepherd，还有我所在部门和中心的负责人，Sam Terilli、Kim Grinfeder 和 Nick Tsinoremas。

除了当教授外，我的另一个职业是设计师兼顾问。我要感谢我所有的客户，特别是 McMaster-Carr、Akerman 以及谷歌新闻实验室的 Simon Rogers 和他的团队成员，因为我们一直在合作开发免费的图表制作工具。还要感谢所有在 2017 年到 2019 年期间为我多次举办公开课的教育机构，在这些课程中我探讨了本书所涉及的各种挑战。那些公开课是这本书的基础。

　　本书中所包含的一些想法源于我在迈阿密协助组织的一次会议，特别感谢我的合作伙伴 Eve Cruz、Helen Gynell、Paige Morgan、Athina Hadjixenofontos 和 Greta Wells。

　　在第五章中我提到过"不确定甜筒区"。我现在也是研究团队的一员，该团队由我在迈阿密大学的同事 Barbara Millet 牵头，目标是找到能够更好地向公众传递飓风风险信息的图表。Kenny Broad、Scotney Evans 和 Sharan Majumdar 也是团队的成员。感谢所有成员展开的许多有趣的讨论。

　　最后，感谢我的经纪人 David Fugate，他教会了我什么是好的出版物。还要对 W. W. Norton 的编辑 Quynh Do 表示感谢，在写作的过程中，他热情地给予了我源源不断的鼓励。同样谢谢 W. W. Norton 的项目编辑 Dassi Zeidel，文字编辑 Sarah Johnson，校对 Laura Starrett，还有项目经理 Lauren Abbate，感谢他们出色而细致的工作。

注 释

序言 一个充斥着图表的世界

1 我推荐大家读一下 David Boyle 的 *The Tyranny of Numbers*（London：HarperCollins，2001）。

2 我在我编写的一本教科书中谈到过这个案例，*The Truthful Art：Data，Charts，and Maps for Communications*（San Francisco：New Riders，2016）。

3 Jerry Z. Muller，*The Tyranny of Metrics*（Princeton，NJ：Princeton University Press，2018）。

引言 谁是赢家

1 Stephen J. Adler，Jeff Mason，and Steve Holland，"Exclusive：Trump Says He Thought Being President Would Be Easier Than His Old Life，" Reuters，April 28，2017，https：//www. reuters. com/article/us-usa-trump-100days/exclusive-trump-says-he-thought-being-president-would-be-easier-than-his-old-life-idUSK-BN17UoCA.

2 John Bowden，"Trump to Display Map of 2016 Election Results in the White House：Report，" The Hill，November 5，2017，http：//thehill. com/blogs/blog-briefing-room/332927-trump-will-hang-map-of-2016-election-results-in-the-white-house.

3 "2016 November General Election Turnout Rates，" United States Election Project，last updated September 5，2018，http：//www. electproject. org/2016g.

4　Associated Press，"Trending Story That Clinton Won Just 57 Counties Is Un-true," PBS, December 6, 2016, https：//www. pbs. org/newshour/politics/trending-story-clinton-won-just-57-counties-untrue.

5　Chris Wilson, "Here's the Election Map President Trump Should Hang in the West Wing," *Time*, May 17, 2017, http：//time. com/4780991/donald-trump-election-map-white-house/.

6　他曾在一篇推文中声明：Kid Rock（@ KidRock），"我已经收到上万封邮件和短信询问我这个网站是否是真的"，2017 年 7 月 12 日。https：//twitter. com/KidRock/status/885240249655468032. Tim Alberta and Zack Stanton, "Senator Kid Rock. Don' t Laugh," Politico, July 23, 2017, https：//www. politico. com/magazine/story/2017/07/23/kid-rock-run-sen-ate-serious-michigan-analysis-215408.

7　David Weigel, "Kid Rock Says Senate 'Campaign' Was a Stunt," *Washing-ton Post*, Octo-ber 24, 2017, https：//www. washingtonpost. com/news/power-post/wp/2017/10/24/kid-rock-says-senate-campaign-was-a-stunt/? utm_term =. 8d9509f4e8b4；although there's even a website：https：//www. kid rock forsenate. com/.

8　Paul Krugman, "Worse Than Willie Horton," *New York Times*, January 31, 2018, https：//www. nytimes. com/2018/01/31/opinion/worse-than-willie-hor-ton. html.

9　"Uniform Crime Reporting（UCR）Program," Federal Bureau ofInvestigation, accessed January 27, 2019, https：//ucr. fbi. gov/.

10　宾夕法尼亚大学统计学和犯罪学教授 Richard A. Berk 说："这不是一种全国性的趋势，也不是一种城市性的趋势，而是某些社区的问题……当然，全美人民不必都为此担心。芝加哥人也犯不上担心。但是住在某些社区的居民应该提高警惕。"Quoted by Timothy Williams, "Whether Crime ISUP or Down Depends on Data Being Vsed," *New York* Times, Sep-tember 28, 2016, https：//www. nytimes. com/2016/09/28/us/murder-rate-cities. html.

11　Cary Funk and Sara Kehaulani Goo, "A Look at What the Public Knows and Does Not Know about Science," Pew Research Center, September 10,

2015，http：//www. pewinternet. org /2015/09/10/what-the-public-knows-and-does-not-know-about-science/.

12 Adriana Arcia et al. ，"Sometimes More Is More：Iterative Participatory Design of Infographics for Engagement of Community Members with Varying Levels of Health Literacy," *Journal of the American Medical Informatics Association* 23，no. 1（January 2016）：174-83，https：//doi. org/10. 1093/jamia/ocv079.

13 Anshul Vikram Pandey et al. ，"The Persuasive Power of Data Visualization," *New York University Public Law and Legal Theory Working Papers* 474（2014），http：//lsr. nellco. org/nyu_plltwp/474.

14 关于认知偏差如何捉弄我们的文献如汗牛充栋，我建议从 Carol Tavris 和 Elliot Aronson 所撰写的《错不在我》开始入门。*Mistakes Were Made（but Not by Me）：Why We Justify Foolish Beliefs，Bad Decisions，and Hurtful Acts*（New York：Mariner Books，2007）.

15 Steve King（@SteveKingIA），"Illegal immigrants are doing what Americans are reluc tant to do," Twitter，February 3，2018，5：33 p. m. ，https：//twitter. com/SteveKingIA /status/959963140502052867.

16 David A. Freedman，"Ecological Inference and the Ecological Fallacy," Technical Report No. 549，October 15，1999，https：//web. stanford. edu/class/ed260 /freedman 549. pdf.

17 W. G. V. Balchin，"Graphicacy," *Geography* 57，no. 3（July 1972）：185-95.

18 Mark Monmonier，*Mapping It Out：Expository Cartography for the Humanities and Social Sciences*（Chicago：University of Chicago Press，1993）.

19 更多推荐详见本书网站 http：//www. howchartslie. com.

第一章　可视化的原理

1 威廉·普莱费尔的传记中最优秀的一本是由 Bruce Berkowitz 撰写的 *Playfair：The True Story of the British Secret Agent Who Changed How We See the World*。

2 想要解释如何计算出散点图的趋势线，可能超出了本书的范围。想要深入了解这个问题并了解散点图的历史，可以参考 Michael Friend-

ly 和 Daniel Denis 撰写的文章 "The Early Origins and Development of the Scatterplot," *Journal of the History of the Behavioral Sciences* 41, no. 2 (Spring 2005): 103-130, http://datavis. ca/papers /friendly-scat. pdf.

3　Ben Shneiderman and Catherine Plaisant, "Treemaps for Space-Constrained Visualization of Hierarchies, including the History of Treemap Research at the University of Maryland," University of Maryland, http://www. cs. umd. edu/hcil/treemap-history/.

4　Stef W. Kight, "Who Trump Attacks the Most on Twitter," Axios, October 14, 2017, https://www. axios. com/who-trump-attacks-the-most-on-twitter-1513305449-f084c32e-fcdf-43a3-8c55-2da84d45db34. html.

5　Stephen M. Kosslyn et al., "PowerPoint Presentation Flaws and Failures: A Psycho logical Analysis," *Frontiers in Psychology* 3 (2012): 230, https://www. ncbi. nlm. nih. gov /pmc /articles/PMC3398435/.

6　Matt McGrath, "China's Per Capita Carbon Emissions Overtake EU's," BBC News, September 21, 2014, http://www. bbc. com/news/science-environment-29239194.

第二章　陷阱之一：糟糕的设计

1　MSNBC 抓拍到了这个片段：TPM TV, "Planned Parenthood's Cecile Richards Shuts Down GOP Chair over Abortion Chart," YouTube, September 29, 2015, https://www. youtube. com/watch? v = iGlLLzw5_ KM.

2　Linda Qiu, "Chart Shown at Planned Parenthood Hearing Is Misleading and 'Ethically Wrong,'" Politifact, October 1, 2015, http://www. politi-fact. com/truth-o-meter/statements/2015/oct/01/jason-chaffetz/chart-shown-planned-parenthood-hearing-misleading-/.

3　舒赫的报告详见 https://emschuch. github. io/Planned-Parenthood/以及她自己的个人网站 http://www. emilyschuch. com/.

4　White House Archived (@ ObamaWhiteHouse), "Good news: America's high school graduation rate has increased to an all-time high," Twitter, De-

cember 16，2015，10：11 a. m.，https：//twitter. com/ObamaWhiteHouse/
status/677189256834609152.

5　Keith Collins，"The Most Misleading Charts of 2015，Fixed，" Quartz，De-
cember 23，2015，https：//qz. com/580859/the-most-misleading-charts-of-
2015-fixed/.

6　Anshul Vikram Pandey et al.，"How Deceptive Are Deceptive Visualizations？
An Empirical Analysis of Common Distortion Techniques，" *New York Universi-
ty Public Law and Legal Theory Working Papers* 504（2015），http：//
lsr. nellco. org/cgi/viewcontent. cgi？article = 1506&context = nyu_plltwp.

7　《国家评论》的推特之后被删除了，但是《华盛顿邮报》在 2015 年 12
月 14 日报道了这篇推文："为什么说《国家评论》发表的全球气温图误
导性太强？"作者是 Philip Bump，https：//www. washingtonpost. com/
news/the-fix/wp /2015/12/14/why-the-national-reviews-global-temperature-
graph-is-so-misleading/？utm_term =. dc562ee5b9f0.

8　"Federal Debt：Total Public Debt as Percent of Gross Domestic Product，"
FRED Economic Data，Federal Reserve Bank of St. Louis，https：//
fred. stlouisfed. org/series/GFD EGDQ188S.

9　Intergovernmental Panel on Climate Change，*Climate Change 2001*：*The Sci-
entific Basis*（Cambridge：Cambridge University Press，2001），https：//
www. ipcc. ch /ipcc reports /tar/wg1/pdf/WGI_TAR_full_report. pdf.

10　马克·蒙莫尼尔自己写了一本名为《恒向线和地图之战：墨卡托投影
的社会历史》的著作（芝加哥大学出版社，2010 年出版），整本书都
在讨论这种遭受诋毁的投影方法。

第三章　陷阱之二：展现不可靠的数据

1　Jakub Marian's map is here："Number of Metal Bands Per Capita in Europe，"
Jakub Marian's Language Learning，Science & Art，accessed January 27，
2019，https：//jakubmarian. com/number-of-metal-bands-per-capita-in-europe/.
The data the map is based on can be obtained on the Encyclopaedia Metallum
website，https：//www. metal-archives. com/.

2　Ray Sanchez and Ed Payne, "Charleston Church Shooting: Who Is Dylann Roof?" CNN, December 16, 2016, https://www.cnn.com/2015/06/19/us/charleston-church-shooting-suspect/index.html.

3　Avalon Zoppo, "Charleston Shooter Dylann Roof Moved to Death Row in Terre Haute Federal Prison," NBC News, April 22, 2017, https://www.nbcnews.com/storyline/charleston-church-shooting/charleston-shooter-dylann-roof-moved-death-row-terre-haute-federal-n749671.

4　Rebecca Hersher, "What Happened When Dylann Roof Asked Google for In-for-mation about Race?" NPR, January 10, 2017, https://www.npr.org/sections/thetwo-way/2017/01/10/508363607/what-happened-when-dylann-roof-asked-google-for-information-about-race.

5　Jared Taylor, "DOJ: 85% of Violence Involving a Black and a White Is Black on White," Conservative Headlines, July 2015, http://conservative-headlines.com/2015/07/doj-85-of-violence-involving-a-black-and-a-white-is-black-on-white/.

6　Heather Mac Donald, "The Shameful Liberal Exploitation of the Charleston Massacre," National Review, July 1, 2015, https://www.nationalreview.com/2015/07/charleston-shooting-obama-race-crime/.

7　"2013 Hate Crime Statistics," Federal Bureau of Investigation, accessed January 27, 2019, https://ucr.fbi.gov/hate-crime/2013/topic-pages/incidents-and-offenses/incidents and offenses_final.

8　David A. Schum, *The Evidential Foundations of Probabilistic Reasoning* (Evanston, IL: Northwestern University Press, 2001).

9　原文是: 只要你把数据折磨得足够到位, 自然终会就范。

10　"Women Earn up to 43% Less at Barclays," BBC News, February 22, 2018, http://www.bbc.com/news/business-43156286.

11　Jeffrey A. Shaffer, "Critical Thinking in Data Analysis: The Barclays Gender Pay Gap," Data Plus Science, February 23, 2018, http://dataplusscience.com/GenderPayGap.html.

12　Sarah Cliff and Soo Oh, "America's Health Care Prices Are Out of Control. These 11 Charts Prove It," Vox, May 10, 2018, https://www.vox.com/

a/health-prices.

13　你可以在国际卫生计划联合会的网站上找到他们的报告，http：// www. ifhp. com. 通过以下网址可以获得 2015 年的报告：https：//fortuned ot- com. files. wordpress. com/2018/04/66c7d-2015comparativepricereport09- 09-16. pdf.

14　如果你想要更多地了解各种不同的随机取样方法，可以看一下这个简 短的介绍：耶鲁大学的"取样"，采自 2019 年 1 月 27 日，http：// www. stat. yale. edu/Courses/1997-98/101/sample. htm.

15　图表的信息来源是克里斯托弗·英格拉罕，"根据 Pornhub 的数据，堪 萨斯可谓是全美的色情片之都"，博客 WonkViz，采自 2019 年 1 月 27 日，http：//wonkviz. tumblr. com/post/82488570278/kansas-is-the-nations- porn-capital-according-to。他所用的数据来自 Pornhub，该网站和 BuzzFeed 联合发布了文章"谁看的色情片更多：共和党还是民主党？" 作者是 Ryan Broderick，发表于《BuzzFeed 新闻》2014 年 4 月 11 日， https：//www. buzzfeednews. com/article/ryanhatesthis/who-watches-more- porn-republicans-or-democrats.

16　Benjamin Edelman，"Red Light States：Who Buys Online Adult Entertainment?" *Journal of Economic Perspectives* 23，no. 1（2009）：209-220，http：//peo- ple. hbs. edu/bedelman /papers/redlightstates. pdf.

17　Eric Black，"Carl Bernstein Makes the Case for 'the Best Obtainable Versionof the Truth,'" *Minneapolis Post*，April 17，2015，https：// www. minnpost. com/eric-black-ink/2015/04/carl-bernstein-makes-case-best- obtainable-version-truth.

18　See Tom Nichols，*The Death of Expertise：The Campaign against Established Knowledge and Why It Matters*（New York：Oxford University Press， 2017）.

第四章　陷阱之三：提供片面的数据

1　"It's Time to End Chain Migration," The White House，December 15，2017， https：//www. whitehouse. gov/articles/time-end-chain-migration/.

2 Michael Shermer, *The Believing Brain: From Ghosts and Gods to Politics and Conspiracies—How We Construct Beliefs and Reinforce Them as Truths* (New York: Times Books, Henry Holt, 2011).

3 John Binder, "2, 139 DACA Recipients Convicted or Accused of Crimes against Americans," Breitbart, September 5, 2017, http://www.breitbart.com/big-government/2017/09/05/2139-daca-recipients-convicted-or-accused-of-crimes-a-gainst-americans/.

4 Miriam Valverde, "What Have Courts Said about the Constitutionality of DA-CA?" PolitiFact, September 11, 2017, http://www.politifact.com/truth-o-meter/statements/2017/sep/11/eric-schneiderman/has-daca-been-ruled-unconstitutional/.

5 Sarah K. S. Shannon et al., "The Growth, Scope, and Spatial Distribution of People with Felony Records in the United States, 1948 to 2010," *Demography* 54, no.5 (2017): 1795-1818, http://users.soc.umn.edu/~uggen/former_fel-ons_2016.pdf.

6 "Family Income in 2017," FINC-01. Selected Characteristics of Families by Total Money Income, United States Census Bureau, accessed January 27, 2019, https://www.census.gov/data/tables/time-series/demo/income-pov-erty/cps-finc/finc-01.html.

7 TPC Staff, "Distributional Analysis of the Conference Agreement for the Tax Cuts and Jobs Act," Tax Policy Center, December 18, 2017, https://www.taxpolicycenter.org/publications/distributional-analysis-conference-a-greement-tax-cuts-and-jobs-act.

8 事情远比这更为复杂。很多反对人士指出，实施减税政策后很多家庭最终会支付更多的税金，而不是"减税"，详见 Danielle Kurtzleben 撰写的"为你讲述共和党大佬们如何通过税改把财富转移给富人，可怜的美国穷人啊！" NPR, 2017 年 11 月 14 日，https://www.npr.org/2017/11/14/562884070/charts-heres-how-gop-s-tax-breaks-would-shift-money-to-rich-poor-americans。另外，政治真相网站针对 Ryan 的数据进行了批判：Louis Ja-cobson，"民主党众议院提出的税务政策会帮典型的美国家庭节省 1,182 美元吗？"政治真相网站，2017 年 11 月 3 日，http://www.politifact.com/

truth-ometer/statements/2017/nov/03/paul-ryan/would-house-gop-tax-plan-save-typical-family-1182/.

9　Alissa Wilkinson， "Black Panther Just Keeps Smashing Box Office Records," Vox， April 20， 2018， https：//www. vox. com/culture/2018/4/20/17261614/black-panther-box-office-records-gross-iron-man-thor-captain-america-avengers.

10　票房 Mojo 对全球票房最高的电影进行了排名（对通货膨胀进行调整后），《黑豹》是第 30 名。"票房全史,"票房 Mojo，采自 2019 年 1 月 27 日，https：//www. boxofficemojo. com/alltime/adjusted. htm

11　罗迪的网站是数据＋Tableau ＋我，http：//www. datatableauan-dme. com.

12　"CPI Inflation Calculator,"Bureau of Labor Statistics，accessed January 27，2019，https：//www. bls. gov/data/inflation_calculator. htm.

13　Dawn C. Chmielewski,"Disney Expects ＄200-Million Loss on 'John Carter,'" *Los Angeles Times*，March 20，2012，http：//articles. latimes. com/2012/mar/20/business/la-fi-ct-disney-write-down-20120320.

14　"Movie Budget and Financial Performance Records,"The Numbers，accessed January 27，2019，https：//www. the-numbers. com/movie/budgets/.

15　"The 17 Goals,"The Global Goals for Sustainable Development，accessed January 27，2019，https：//www. globalgoals. org/.

16　Defend Assange Campaign（@ DefendAssange），Twitter，September 2，2017，8：41 a. m. ，https：//twitter. com/julianassange/status/904006478616551425？lang = en.

第五章　陷阱之四：隐藏或混淆不确定性

1　Bret Stephens，"Climate of Complete Certainty," *New York Times*，April 28，2017，https：//www. nytimes. com/2017/04/28/opinion/climate-of-complete-certainty. html.

2　I. Allison et al. ，*The Copenhagen Diagnosis*，*2009：Updating the World on the Latest Climate Science*（Sydney，Australia：University of New South Wales Climate ChangeResearch Centre，2009）.

3　如果你想要更多地了解数字逻辑，希瑟的博客不容错过：https：//

3

数据可视化陷阱

idatassist. com/datablog/.

4　Kenny has written extensively about how the public misconstrues storm maps and graphs. For instance: Kenneth Broad et al. , "Misinterpretations of the 'Cone of Uncertainty' in Florida during the 2004 Hurricane Season," *Bulletin of the American Meteorological Society* (May 2007): 651-68, https://journals. ametsoc. org/doi/pdf/10. 1175 /BAMS-88-5-651.

5　National Hurricane Center, "Potential Storm Surge Flooding Map," https://www. nhc. noaa. gov/surge/inundation/.

第六章　陷阱之五：暗示具有误导性的规律

1　From John W. Tukey, *Exploratory Data Analysis* (Reading, MA: Addison-Wesley, 1977).

2　For more details about this case, read Heather Krause, "Do You Really Know How to Use Data Correctly?" DataAssist, May 16, 2018, https://idatassist. com/do-you-really-know-how-to-use-data-correctly/.

3　最著名的合并悖论就是辛普森悖论 (Simpson's paradox)。Wikipedia, S. V. "Simpson's Paradox," last edited January 23, 2019, https://en. wikipedia. org/wiki /Simpson%27s_ paradox.

4　许多研究都展示过类似的生存曲线，比如说，Richard Doll et al. , "Mortality in Relation to Smoking: 50 Years' Observations on Male British Doctors," *BMJ* 328 (2004): 1519, https://www. bmj. com/content/328/7455/1519.

5　Jerry Coyne, "The 2018 UN World Happiness Report: Most Atheistic (and Socially Well Off) Countries Are the Happiest, While Religious Countries Are Poor and Unhappy," Why Evolution Is True (March 20, 2018), https://whyevolutionistrue. wordpress. com/2018/03/20/the-2018-un-world-happiness-report-most-atheistic-and-socially-well-off-countries-are-the-happiest-while-religious-countries-are-poor-and-unhappy/.

6　"State of the States," Gallup, accessed January 27, 2019, https://news. gallup. com /poll/125066/State-States. aspx.

236

7　Frederick Solt, Philip Habel, and J. Tobin Grant, "Economic Inequality, Relative Power, and Religiosity," *Social Science Quarterly* 92, no. 2: 447-65, https: //onlinelibrary. wiley. com/doi/pdf/10. 1111/j. 1540-6237. 2011. 00777. x.

8　Nigel Barber, "Are Religious People Happier?" *Psychology Today*, November 20, 2012, https: //www. psychologytoday. com/us/blog/the-human-beast/201211/ are-religious-people-happier.

9　Sally Quinn, "Religion Is a Sure Route to True Happiness," *Washington Post*, January 24, 2014, https: //www. washingtonpost. com/national/religion/religion-is-a-sure-route-to-true-happiness/2014/01/23/f6522120-8452-11e3-bbe5-6a2a3141e3a9_story. html? utm_term = . af77dde8deac.

10　Alec MacGillis, "Who Turned My Blue State Red?" *New York Times*, November 22, 2015, https: //www. nytimes. com/2015/11/22/opinion/sunday/who-turned-my-blue-state-red. html.

11　Our World in Data (website), Max Roser, accessed January 27, 2019, https: //ourworldindata. org/.

12　Richard Luscombe, "Life Expectancy Gap between Rich and Poor US Regions Is 'More Than 20 Years,' " May 8, 2017, *Guardian*, https: // www. theguardian. com /inequality/2017/may/08/life-expectancy-gap-rich-poor-us-regions-more-than-20-years.

13　Harold Clarke, Marianne Stewart, and Paul Whiteley, "The 'Trump Bump' in the Stock Market Is Real. But It's Not Helping Trump," *Washington Post*, January 9, 2018, https: //www. washingtonpost. com/news/monkey-cage/wp/2018/01/09/the-trump-bump-in-the-stock-market-is-real-but-its-not-helping-trump/? utm_term = . 109918a60cba.

14　Description of the documentary *Darwin's Dilemma: The Mystery of the Cambrian Fossil Record*, by Stand to Reason: https: //store. str. org/ProductDetails. asp? Product Code = DVD018

15　Stephen C. Meyer, *Darwin's Doubt: The Explosive Origin of Animal Life and the Case for Intelligent Design* (New York: HarperOne, 2013) .

16　Daniel R. Prothero, *Evolution: What the Fossils Say and Why It Matters* (New York: Columbia University Press, 2007) .

17 http：//www. tylervigen. com/spurious-correlations.

总结　别用图表自欺欺人

1 Mark Bostridge, *Florence Nightingale: The Woman and Her Legend* (London: Penguin Books, 2008) .

2 *Encyclopaedia Britannica Online*, s. v. "Crimean War," November 27, 2018, https：//www. britannica. com/event/Crimean-War.

3 Christopher J. Gill and Gillian C. Gill, "Nightingale in Scutari: Her Legacy Reexamined," *Clinical Infectious Diseases* 40, no. 12 (June 15, 2005): 1799-1805, https：//doi. org/10. 1086/430380.

4 Hugh Small, *Florence Nightingale: Avenging Angel* (London: Constable, 1998).

5 Bostridge, Florence Nightingale.

6 Hugh Small, *A Brief History of Florence Nightingale: And Her Real Legacy, a Revolution in Public Health* (London: Constable, 2017) .

7 可以从这里找到数据："Mathematics of the Coxcombs," Understanding Uncertainty, May 11, 2008, https：//understandinguncertainty. org/node/214.

8 Small, *Florence Nightingale*.

9 Hans Rosling, Anna Rosling R? nnlund, and Ola Rosling, *Factfulness: Ten Reasons We're Wrong about the World—And Why Things Are Better Than You Think* (New York: Flatiron Books, 2018) .

10 Gary Marcus, Kluge: *The Haphazard Evolution of the Human Mind* (Boston: Mariner Books, 2008) .

11 Steven Sloman and Philip Fernbach, *The Knowledge Illusion* (New York: Riverhead Books, 2017) . This is the best book I've read about these matters.

12 Brendan Nyhan and Jason Reifler, "The Role of Information Deficits and Identity Threat in the Prevalence of Misperceptions," (forthcoming, *Journal of Elections, Public Opinion and Parties*, published ahead of print May 6, 2018, https：//www. tandfonline. com/eprint/PCDgEX8KnPVYyytUyzvy/

full).

13　For instance, Susan Bachrach and Steven Luckert, *State of Deception: The Power of Nazi Propaganda* (New York: W. W. Norton, 2009).

14　Heather Bryant, "The Universe of People Trying to Deceive Journalists Keeps Expanding, and Newsrooms Aren't Ready," http://www. niemanlab. org/2018/07/the-universe-of-people-trying-to-deceive-journalists-keeps-expanding-and-newsrooms-arent-ready/.

15　我在我的个人博客里解释了所谓的"搞砸"。功能性艺术：http://www. thefunctionalart. com/2014/05/i-should-know-better-journalism-is. html.

16　Stephen Jay Gould, "The Median Isn't the Message," CancerGuide, last updated May 31, 2002, https://www. cancerguide. org/median_not_msg. html.

| 推荐阅读 |

　　我设计图表并教授如何制作图表已有 20 多年的时间，我意识到能否成为一名好的读图者并不仅仅取决于对图表符号和语法的理解。除此以外还需掌握数据的力量及其局限性，与此同时要时刻警惕我们的大脑如何在不知不觉中欺骗我们自己。数字素养（计算能力）和图形素养（图形处理能力）是相辅相成的，而且这两种素养还与心理素养分不开（对于这种心理素养目前还没有一个固定的术语）。

　　如果本书让你对计算能力、图形处理能力以及人类推理能力的局限性产生了兴趣，那么你可以进一步阅读以下这些相关文献。

关于推理的著作：

- Tavris, Carol, and Elliot Aronson. *Mistakes Were Made（but Not by Me）：Why We Justify Foolish Beliefs, Bad Decisions, and Hurtful Acts.* Boston：Houghton Mifflin Harcourt, 2007.
- Haidt, Jonathan. *The Righteous Mind：Why Good People Are Divided by Politics and Religion.* New York：Vintage Books, 2012.
- Mercier, Hugo, and Dan Sperber. *The Enigma of Reason.* Cambridge, MA：Harvard University Press, 2017.

关于计算能力的著作：

- Goldacre, Ben. *Bad Science：Quacks, Hacks, and Big Pharma Flacks.* New York：Farrar, Straus and Giroux, 2010.

- Wheelan, Charles. *Naked Statistics: Stripping the Dread from the Data.* New York: W. W. Norton, 2013.
- Ellenberg, Jordan. *How Not to Be Wrong: The Power of Mathematical Thinking.* New York: Penguin Books, 2014.
- Silver, Nate. *The Signal and the Noise: Why So Many Predictions Fail—but Some Don't.* New York: Penguin Books, 2012.

关于图表的著作：

- Wainer, Howard. Visual Revelations: *Graphical Tales of Fate and Deception From Napoleon Bonaparte To Ross Perot.* London, UK: PsychologyPress, 2000.
- Meirelles, Isabel. *Design for Information: An Introduction to the Histories, Theories, and Best Practices behind Effective Information Visualizations.* Beverly, MA: Rockport Publishers, 2013.
- Nussbaumer Knaflic, Cole. *Storytelling with Data: A Data Visualization Guide for Business Professionals.* Hoboken, NJ: John Wiley andSons, 2015.
- Monmonier, Mark. How to Lie with Maps. 2nd ed. Chicago: University of Chicago Press, 2014.
- Few, Stephen. *Show Me the Numbers: Designing Tables and Graphs to Enlighten.* 2nd ed. El Dorado Hills, CA: Analytics Press, 2012.

关于数据伦理的著作：

- O'Neil, Cathy. *Weapons of Math Destruction: How Big Data Increases Inequality and Threatens Democracy.* New York: Broadway Books, 2016.
- Broussard, Meredith. *Artificial Unintelligence: How Computers Misunder stand the World.* Cambridge, MA: MIT Press, 2018.
- Eubanks, Virginia. *Automating Inequality: How High-Tech Tools Profile, Police, and Punish the Poor.* New York: St. Martin's Press, 2017.

最后，如果您想进一步了解本书中出现过的图表，可以访问以下网站：http://www. howchartslie. com.

▍参考文献 ▍

Bachrach, Susan, and Steven Luckert. *State of Deception: The Power of Nazi Propaganda.* New York: W. W. Norton, 2009.

Berkowitz, Bruce. *Playfair: The True Story of the British Secret Agent Who Changed How We See the World.* Fairfax, VA: George Mason University Press, 2018.

Bertin, Jacques. *Semiology of Graphics: Diagrams, Networks, Maps.* Redlands, CA: ESRI Press, 2011.

Börner, Katy. *Atlas of Knowledge: Anyone Can Map.* Cambridge, MA: MIT Press, 2015.

Bostridge, Mark. *Florence Nightingale: The Woman and Her Legend.* London: Penguin Books, 2008.

Boyle, David. *The Tyranny of Numbers.* London: HarperCollins, 2001.

Cairo, Alberto. *The Truthful Art: Data, Charts, and Maps for Communication.* San Francisco: New Riders, 2016.

Caldwell, Sally. *Statistics Unplugged.* 4th ed. Belmont, CA: Wadsworth Cengage Learning, 2013.

Card, Stuart K., Jock Mackinlay, and Ben Shneiderman. *Readings in Information Visualization: Using Vision to Think.* San Francisco: Morgan Kaufmann, 1999.

Cleveland, William. *The Elements of Graphing Data.* 2nd ed. Summit, NJ: Hobart Press, 1994.

Coyne, Jerry. *Why Evolution Is True.* New York: Oxford University Press, 2009.

Deutsch, David. *The Beginning of Infinity: Explanations That Transform the World.* New York: Viking, 2011.

Ellenberg, Jordan. *How Not to Be Wrong: The Power of Mathematical Thinking.* New York: Penguin Books, 2014.

Few, Stephen. *Show Me the Numbers: Designing Tables and Graphs to Enlighten.* 2nd ed. El Dorado Hills, CA: Analytics Press, 2012.

Fung, Kaiser. *Numbersense: How to Use Big Data to Your Advantage.* New York: McGraw Hill, 2013.

Gigerenzer, Gerd. *Calculated Risks: How to Know When Numbers Deceive You.* New York: Simon and Schuster, 2002.

Goldacre, Ben. *Bad Science: Quacks, Hacks, and Big Pharma Flacks.* New York: Farrar, Straus and Giroux, 2010.

Haidt, Jonathan. *The Righteous Mind: Why Good People Are Divided by Politics and Religion.* New York: Vintage Books, 2012.

Huff, Darrell. *How to Lie with Statistics.* New York: W. W. Norton, 1993.

Kirk, Andy. *Data Visualisation: A Handbook for Data Driven Design.* Los Angeles: Sage, 2016.

MacEachren, Alan M. *How Maps Work: Representation, Visualization, and Design.* New York: Guilford Press, 2004.

Malamed, Connie. *Visual Language for Designers: Principles for Creating Graphics That People Understand.* Beverly, MA: Rockport Publishers, 2011.

Mann, Michael E. *The Hockey Stick and the Climate Wars: Dispatches from the Front Lines.* New York: Columbia University Press, 2012.

Marcus, Gary. *Kluge: The Haphazard Evolution of the Human Mind.* Boston: Mariner Books, 2008.

Meirelles, Isabel. *Design for Information: An Introduction to the Histories, Theories, and Best Practices behind Effective Information Visualizations.* Beverly, MA: Rockport Publishers, 2013.

Mercier, Hugo, and Dan Sperber. *The Enigma of Reason.* Cambridge, MA: Harvard University Press, 2017.

Monmonier, Mark. *How to Lie with Maps.* 2nd ed. Chicago: University of Chicago

Press, 2014. ——. *Mapping It Out*: *Expository Cartography for the Humanities and Social Sciences*. Chicago: University of Chicago Press, 1993.

Muller, Jerry Z. *The Tyranny of Metrics*. Princeton, NJ: Princeton University Press, 2018.

Munzner, Tamara. *Visualization Analysis and Design*. Boca Raton, FL: CRC Press, 2015.

Nichols, Tom. *The Death of Expertise*: *The Campaign against Established Knowledge and Why It Matters*. New York: Oxford University Press, 2017.

Nussbaumer Knaflic, Cole. *Storytelling with Data*: *A Data Visualization Guide for Business Professionals*. Hoboken, NJ: John Wiley and Sons, 2015.

Pearl, Judea, and Dana Mackenzie. *The Book of Why*: *The New Science of Cause and Effect*. New York: Basic Books, 2018.

Pinker, Steven. *Enlightenment Now*: *The Case for Reason*, *Science*, *Humanism*, *and Progress*. New York: Viking, 2018.

Prothero, Donald R. *Evolution*: *What the Fossils Say and Why It Matters*. New York: Columbia University Press, 2007.

Rosling, Hans, Anna Rosling Rönnlund, and Ola Rosling. *Factfulness*: *Ten Reasons We're Wrong About the World*: *And Why Things Are Better Than You Think*. New York: Flatiron Books, 2018.

Silver, Nate. *The Signal and the Noise*: *Why So Many Predictions Fail—but Some Don't*. New York: Penguin Books, 2012.

Schum, David A. *The Evidential Foundations of Probabilistic Reasoning*. Evanston, IL: Northwestern University Press, 2001.

Shermer, Michael. *The Believing Brain*: *From Ghosts and Gods to Politics and Conspiracies*: *How We Construct Beliefs and Reinforce Them as Truths*. New York: Times Books/Henry Holt, 2011.

Sloman, Steven, and Philip Fernbach. *The Knowledge Illusion*: *Why We Never Think Alone*. New York: Riverhead Books, 2017.

Small, Hugh. *A Brief History of Florence Nightingale*: *And Her Real Legacy*, *a Revolution in Public Health*. London: Constable, 2017.

——. *Florence Nightingale*: *Avenging Angel*. London: Constable, 1998.

Tavris, Carol, and Elliot Aronson. *Mistakes Were Made (but Not by Me)*: *Why We Justify Foolish Beliefs, Bad Decisions, and Hurtful Acts*. Boston: Houghton Mifflin Harcourt, 2007.

Tukey, John W. *Exploratory Data Analysis*. Reading, MA: Addison-Wesley, 1977.

Wainer, Howard. *Visual Revelations*: *Graphical Tales of Fate and Deception From Napoleon Bonaparte to Ross Perot*. London, UK: Psychology Press, 2000.

Ware, Colin. *Information Visualization*: *Perception for Design*. 3rd ed. Waltham, MA: Morgan Kaufmann, 2013.

Wheelan, Charles. *Naked Statistics*: *Stripping the Dread from the Data*. New York: W. W. Norton, 2013.

Wilkinson, Leland. *The Grammar of Graphics*. 2nd ed. New York: Springer, 2005.

Wong, Dona M. *The Wall Street Journal Guide to Information Graphics*: *The Dos and Don'ts of Presenting Data, Facts, and Figures*. New York: W. W. Norton, 2013.